Carola Knecht

Hobby Wellensittich-Zucht

Carola Knecht

Hobby
Wellensittich-Zucht

2., aktualisierte Auflage

Oertel+Spörer

Bildnachweis
Titelbild: Arco Images NPL Dave Watts
Innenteilbilder:
Arco Images: FLPA David Hosking S. 7; TUNS S. 12; NPL Dave Watts S. 14; imageBROKER Markus Keller S. 33, 65; imageBROKER Michael Weber S. 41; O. Diez S. 62, 100 r., 101 r.; H. Reinhard S. 87; NPL Barry Bland S. 90; P. Wegner S. 100 l., 101 l.
Jörg Asmus S. 16, 23, 35, 47, 57, 95 o.
Werner Lantermann S. 19
Pixelio: Dieter Dewald S. 20; Rudolpho Duba S. 75; Denise S. 91
Andreas Wilbrand S. 10, 17, 21, 28, 30, 38, 79, 80, 83, 93, 103, 105
Alle anderen Bilder von der Autorin.

Haftungsausschluss
Die Hinweise in diesem Buch wurden von der Autorin sorgfältig recherchiert und geprüft. Es können jedoch keinerlei Garantien übernommen werden. Eine Haftung der Autorin, des Verlags und seiner Beauftragten für Personen-, Sach- und Vermögensschäden ist ausgeschlossen. Sämtliche Teile des Werks sind urheberrechtlich geschützt. Jede Verwertung außerhalb der engen Grenzen des Urheberrechtsgesetzes ist ohne die schriftliche Zustimmung des Verlags und der Autorin unzulässig und strafbar. Dies gilt insbesondere für Vervielfältigungen, Übersetzungen, Mikroverfilmungen und die Einspeicherung und Verarbeitung in elektronischen Systemen.

Bibliografische Information der Deutschen Nationalbibliothek
Die Deutsche Nationalbibliothek verzeichnet diese Publikation in der Deutschen Nationalbibliografie; detaillierte bibliografische Daten sind im Internet über http://dnb.d-nb.de abrufbar.

2., akt. Auflage 2023
Postfach 16 42 · 72706 Reutlingen

Lektorat: Dr. Gabriele Lehari
DTP und Repro: raff digital gmbh, Riederich
Druck und Einband: FINIDR, s.r.o., Tschechische Republik
ISBN 978-3-88627-567-0

Inhalt

Einführung

Manch einer wird sich nun denken: „Ein Buch über die Zucht von Wellensittichen? Warum das? Gibt es nicht schon genügend Bücher über Wellensittiche?“ Warum also dann dieses Buch?
Die modernen Wellensittichbücher auf dem Markt enthalten nicht viel zum Thema Zucht, da man Privathalter nicht unbedingt zum Züchten anregen wollte. Ältere Bücher sind oft nicht mehr aktuell. Und im Internet muss man sich die Informationen mühsam zusammensuchen. Diese Lücke will dieses Buch schließen. Es möchte ein kompakter Ratgeber sein für Erstzüchter oder Halter, die mit der Idee, Wellensittiche zu züchten, liebäugeln.

Gibt es aber nicht sowieso schon zu viele Wellensittiche? Sind die Tierheime nicht voll davon? Gibt es nicht genügend Wellensittichzüchter? Offensichtlich nicht. Denn andererseits liest man auch oft im Internet: „Wo bekomme ich einen Wellensittich her? Bei mir in der Nähe gibt es keinen Züchter. Bei uns in der Zoohandlung gibt es keine Wellis. Bei uns im Tierheim sitzen keine Wellensittiche.“

Dass es zu wenige Wellensittiche gibt, kann man sicherlich nicht behaupten. Wer Abgabetiere sucht, wird auch welche finden, gerade heute im Internetzeitalter, in dem man Angebote von nah und fern sichten und per Versand Tiere sogar von weiter her problemlos aufnehmen kann. Wellensittiche sind aber Tiere, die verhältnismäßig gut unterzubringen sind und bei genügend Platz auch in größerer Zahl gehalten werden können.
Es ist nicht so wie bei Hunden, dass jeder haltungswillige Haushalt normalerweise nur einen oder zwei aufnehmen kann, denn Wellis machen ohnehin erst ab vier Tieren richtig Spaß. Zudem kann eine einzige geräumige Außenvoliere mit Schutzhaus so manchen Wellis auf einen Schlag ein Zuhause bieten. So haben auch viele Tierheime oder Züchter große Volieren zur Aufnahme von Abgabewellis, und da muss man nicht wie bei Hunden oder Katzen hoffen, dass sie schnell wieder ein anderes Zuhause finden, damit es ihnen besser geht, denn diesen Tieren geht es letztlich prächtig.
Dennoch sollte man nicht ohne Sinn und Verstand Tiere weitervermehren. Mein Appell an alle, die Wellensittiche hobbymäßig züchten wollen, ist daher: Erst prüfen, ob Abnehmer da sind oder ob man die Möglichkeit hat, die Tiere eventuell selbst zu behalten, wenn sich keine Abnehmer finden.

Nicht vergessen werden sollte, dass die Vogelzuchtvereine derzeit große Nachwuchsprobleme haben. Die Vogelzucht als Hobby, wie sie bislang vielfach praktiziert wurde, ist mehr und mehr „out“. Hier haben viele Züchter für Ausstellungen Vögel produziert – zum Teil mehrere Hundert Nachkommen im Jahr –, um dann auch wirklich „schöne“, das heißt in diesem Fall ausstellungsreife Tiere dabei zu haben. Ein Bruchteil davon wurde behalten, ein Großteil ging in den Verkauf an Privathalter, meistens über den Zoohandel.

Solche Großzuchten machen sehr viel Arbeit. Viele Menschen haben dafür heute weder die Zeit noch das Interesse. Ausstellungen werden vom Tierschutzgesichtspunkt her kritisch gesehen. Viele Vogelhalter wollen so etwas wie eine persönliche Beziehung zu ihren Lieblingen haben. Das ist bei solch einer Masse natürlich nicht möglich.

Es ist somit wahrscheinlich, dass sich die Wellensittichzucht in den nächsten Jahren noch weiter verändern wird, weg von Großzuchten, hin zu kleinen Hobbyzuchten zu Hause. Denn lukrativ ist das Züchten von Wellensittichen normalerweise nicht, und zwar aufgrund der geringen Preise. Es wird heutzutage auch zu Recht erwartet, dass mit kranken Tieren ein Tierarzt aufgesucht wird. In Großzuchten war das bisher nicht immer üblich. Die Entwicklung, wie sie derzeit stattfindet, muss daher nicht unbedingt negativ für die Tiere sein.
Voraussetzung ist natürlich, dass die Zuchten zu Hause tiergerecht und mit den nötigen Sachkenntnissen betrieben werden. Leider fangen viele Leute recht unbedarft an. Es wird einfach ein Nistkasten aufgehängt und abgewartet. Nachher, wenn Probleme auftreten, ist das Kind oft schon in den Brunnen gefallen. Dies lässt sich einfach vermeiden, indem man sich vorher informiert.

Der Wegfall der Zuchterlaubnis

Braucht man zum Züchten von Wellensittichen nicht eine Zuchterlaubnis? Das war einmal. Bis Mai 2014 galt in Deutschland die Vorschrift, dass Papageienvögel nur mit behördlicher Erlaubnis gezüchtet werden dürfen. Am 1.5.2014 ist das Tiergesundheitsgesetz in Kraft getreten. Dieses Gesetz hat das bisherige Tierseuchengesetz abgelöst. Im früheren Tierseuchengesetz war in § 17 g die Verpflichtung zur Zuchterlaubnis festgeschrieben. Genauere Vorgaben standen in der Psittakoseverordnung, die schon 2012 außer Kraft gesetzt wurde.

PSITTAKOSE

Psittakose ist nach wie vor gefährlich. Es handelt sich um eine Zoonose, also um eine Tierseuche, die auf Menschen übertragen werden kann. Sie kann unbehandelt sogar tödlich enden, für Vögel sowie auch für Menschen. In der heutigen Zeit ist sie jedoch mit speziellen Antibiotika gut zu behandeln. Wichtig ist, dass sie erkannt wird (siehe Kapitel „Hygiene und Gesundheit“). Wer als Halter von Papageienvögeln grippeähnliche Symptome oder Symptome in Richtung schwere Bronchitis oder gar Lungenentzündung hat, sollte nicht vergessen, seinen Arzt auf die Sittichhaltung hinzuweisen, sodass festgestellt werden kann, ob es sich eventuell um eine Psittakose handelt und diese entsprechend behandelt werden kann.

Eine artgerechte Haltung mit ausreichend Platz ist wichtig.

Nachdem die Psittakose so gut behandelbar ist, waren die Schutzvorschriften nicht mehr so wichtig. Zu diesen Schutzvorschriften gehörte zum Beispiel ein Quarantäneraum, der getrennt von den sonstigen Wohnräumen sein musste. Zudem mussten Züchter eine Prüfung ablegen, in der sie ihre Sachkunde, besonders im Bezug auf die Psittakose, unter Beweis stellen mussten. Nachzuchtvögel mussten beringt werden, es bestand eine Buchführungspflicht. Es musste aufgeschrieben werden, an wen die Vögel abgegeben wurden, sodass sich im Krankheitsfall nachvollziehen lassen konnte, wer Vögel aus diesem Bestand erhalten hatte bzw. auch, wo eventuell erkrankte Vögel herkamen.
Dies wird heute vom Gesetzgeber nicht mehr für notwendig gehalten. Theoretisch kann jeder, der möchte, Sittiche züchten, sogar zu Hause im Wohnzimmer, wenn man Lust hat – ob das sinnvoll ist oder nicht, ob man Ahnung hat oder nicht, ob man Abnehmer für die Vögel hat oder nicht, ob man Platz hat oder nicht.
Da dies anscheinend viele Wellensittichhalter machen, sind bei diversen Wohnzimmerzuchten schon viele kleine Katastrophen passiert. Die meisten Fehler lassen sich aber leicht vermeiden, wenn die entsprechenden Informationen vorhanden sind und die richtigen Zuchtvorbereitungen getroffen wurden.

Was zeichnet eine Hobbyzucht aus?

Dieses Buch richtet sich ausdrücklich an Neuzüchter und Hobbyzüchter. Was genau ist aber mit „Hobbyzucht“ gemeint? Nach dem deutschen Tierschutzrecht ist eine Zucht von Wellensittichen ab 25 Zuchtpaaren als gewerbsmäßig zu betrachten (Nr. 12.2.1.5.1 der Verwaltungsvorschrift zum Tierschutzgesetz). Alles, was darunter ist, gilt als Hobbyzucht. Ob man das so an der Anzahl der Zuchtpaare festmachen kann, sei dahingestellt. Auch mit 24 Zuchtpaaren kann man, bei drei Bruten im Jahr (was nicht empfehlenswert, aber möglich ist) mit je sechs Küken, im Idealfall zu über 430 Nachwuchstieren kommen. Auch wenn sich mit Wellensittichen nicht das große Geld verdienen lässt, übersteigt das meines Erachtens schon ein bisschen den Hobbybereich. Aber irgendwo müssen die Grenzen ja gezogen werden.

Für mich ist es dann eine Hobbyzucht, wenn

- der Schwarm für den Halter noch überschaubar ist, sodass zum Beispiel jeder Vogel einen Namen hat.
- jeder Vogel für den Züchter einen Wert hat, abgesehen vom finanziellen.
- bei Krankheiten der Tierarzt aufgesucht wird.
- die Jungvögel nur in ein gutes Zuhause abgegeben und nicht über den Zoohandel verkauft werden.
- auch alte oder behinderte Tiere ihren Platz im Schwarm haben.
- man sich an den Tieren freuen kann, auch wenn es mal mit dem Nachwuchs nicht geklappt hat.
- man bereit ist, Zeit und Geld zu investieren, welches man nicht mehr „reinholen“ kann (Hobbys kosten Geld!).

Die Biologie des Wellensittichs

Der Wellensittich (*Melopsittacus undulatus*) gehört zur Familie der „eigentlichen Papageien“ (Psittacidae), ist also durchaus ein „echter“ Papagei und nicht „nur ein Sittich“, wie manche ihn abschätzig bezeichnen. In vielen anderen Sprachen gibt es die Unterscheidung zwischen Papagei und Sittich in der Form wie bei uns gar nicht. Dennoch macht es natürlich einen Unterschied, was für einen Papageienvogel man hält. Man kann einen Wellensittich nicht mit einer Amazone, einem Graupapagei oder Ara vergleichen.

Das Gute dabei ist: Die Haltung und Zucht von Wellensittichen ist um ein Vielfaches einfacher als die der meisten anderen Papageienvögel. Dies liegt zum einen natürlich an der geringen Größe, aber auch an der Ernährungsweise (Wellensittiche sind keine „Obst-Papageien“) und den damit verbundenen wesentlich trockeneren und „wohnungsfreundlichen“ Ausscheidungen. Ebenso ist es von Vorteil, dass sich Wellensittiche leicht vergesellschaften und im Schwarm halten lassen und schnell zutraulich werden. Wo man mit anderen Papageien Probleme hat, hat man mit Wellensittichen nur Spaß!

In ihrem Heimatland Australien leben Wellensittich in riesigen Schwärmen und sind sehr scheu.

Die Herkunft

Um Wellensittiche erfolgreich halten und züchten zu können, sollte man ein bisschen was über die Tiere, ihr Leben in Freiheit und ihre Bedürfnisse wissen. Wellensittiche stammen ursprünglich aus Australien, wo sie auch heute noch wild lebend vorkommen. Sie leben dort in großen Schwärmen. Das Klima in Australien ist je nach Gebiet sehr unterschiedlich und reicht von subtropischen Landschaften über kontinentale Gebiete bis hin zu Wüstenregionen. Wellensittiche leben hauptsächlich in Zentral-Australien, wo es trocken und heiß ist und auch im Winter nicht sonderlich kalt wird. Sie dringen jedoch auch in andere Gebiete vor – dies zeigt schon ihre große Anpassungsfähigkeit. Meist leben sie im offenen Gras- und Buschland sowie in Steppen. Wälder werden gemieden.

Morgens besuchen die Wellensittiche Wasserstellen und nehmen Wasser auf. Danach wird gefressen. Die Futteraufnahme erfolgt meist auf dem Boden. Gefressen werden Gräser- und Kräutersamen, Blattteile und reifendes Getreide. Trocknen die Wasserstellen aus, ziehen die Schwärme weiter, was einer nomadisierenden Lebensweise entspricht. Bruten und selbst Jungvögel kurz vor dem Ausfliegen werden dann zurückgelassen und sterben.

Brutzeit ist im Norden Australiens von Juni bis September, im Süden von August bis Januar. Bei starken Regenfällen erfolgen weitere Bruten außerhalb der genannten Zeiten. Wellensittiche sind Höhlenbrüter. Die Eiablage erfolgt in Baumhöhlen und Baumstümpfen, Zaunpfählen und sogar in Erdhöhlen.

Ursprünglich sind Wellensittiche also Nomaden, das heißt, sie ziehen herum und suchen nach Gebieten, in denen es reichlich Futter für sie gibt. Dies ist meist dann der Fall, wenn es irgendwo zu regnen beginnt. Dann fangen die trockenen Samen der Gräser und anderer Pflanzen an zu keimen und es wächst frisches Grün auf. Die Wellensittiche bleiben dann in diesem Gebiet und suchen sich Bruthöhlen. Wenn die Futterverhältnisse nach Abschluss der Brut immer noch gut sind, wird eine weitere Brut direkt angeschlossen. Wenn die Futterverhältnisse schlecht werden, das heißt, wenn das Land wieder austrocknet, fliegen die Tiere weiter und suchen neue Futtergründe.
Erst wenn sie erneut ein Gebiet mit Aussicht auf genügend frisches Futter entdecken, wird wieder gebrütet. Dies kann bei länger anhaltender Trockenheit bedeuten, dass mehrere Jahre nicht gebrütet wird. In der heutigen Zeit halten sich Wellensittiche auch gern dort auf, wo die Menschen Landwirtschaft betreiben und sich ganzjährig Futter und Wasser findet. Sie geben dann ihre nomadische Lebensweise auf.

Die ursprünglichen Wellensittiche sind grün mit gelber Gesichtsmaske und der „normalen“ Wellenzeichnung. Diese grünen Wellensittiche werden daher als „wildfarben“ oder „naturfarben“ bezeichnet.

Wellensittiche sind reine Höhlenbrüter.

Wellensittiche stehen in Australien unter gesetzlichem Schutz, das heißt, es dürfen keine Wildfänge ausgeführt werden.
Bereits 1840 kamen die ersten Wellensittiche nach Europa. Die Erstzucht gelang 1846 in Frankreich. 1855 wurden in Deutschland zum ersten Mal erfolgreich Wellensittiche gezüchtet. Die in Deutschland gehaltenen Tiere haben sich mittlerweile bei der Haltung in Außenvolieren an unser Klima gut angepasst und können auch im Winter, bei Vorhandensein eines frostfreien Schutzhauses, draußen gehalten werden. Ihre Widerstandsfähigkeit, Anpassungsfähigkeit und die Tatsache, dass sie relativ leicht zu züchten sind, haben dafür gesorgt, dass sich die Wellensittiche über die ganze Welt verbreitet haben und heute die beliebtesten Stubenvögel sind.

Wellensittiche hatten früher eine Lebenserwartung von zwölf bis 15 Jahren, heute werden die Tiere nur noch sechs bis acht Jahre alt, von wenigen Ausnahmeexemplaren abgesehen. Viele schreiben dies der Überzüchtung zu, es gibt jedoch auch viele Krankheiten, die den Wellensittichbeständen zu schaffen machen, zum Beispiel durch fälschlicherweise als „Megabakterien" bezeichnete Pilze (*Macrorhabdus ornithogaster*) und verschiedene Viruserkrankungen. Auch ernährungsbedingtes Übergewicht und Bewegungsmangel können zu einem verkürzten Leben führen.

Größe, Form und Farbe

Man liest meist, dass es Wellensittiche in drei Größen gibt: den sogenannten Hansi-Bubi, der der Wildform am nächsten kommt und mit ungefähr 18 cm der kleinste Wellensittich ist; den Standardwellensittich, der bis zu 26 cm groß werden kann; und dazwischen den Halbstandardwellensittich, der irgendwo in der Mitte zwischen den beiden erstgenannten liegen soll. Tatsächlich kommen Wellensittiche in allen möglichen Größen zwischen 16 und 26 cm vor. Es ist schwierig zu sagen, wo der Hansi-Bubi aufhört und der Halbstandard anfängt.
Vom Gewicht her liegt ein Hansi-Bubi bei etwa 40 g. Standardwellensittiche können gut 60 g oder mehr auf die Waage bringen.
Ein weiterer Unterschied zwischen Hansi-Bubis und Standardwellensittichen ist, dass Standardwellensittiche durch Zucht einen optisch größeren Kopf mit einer vorgewölbten Stirn haben, sodass man von vorne die Augen der Vögel meist nicht erkennen kann. Sie haben oft auch eine steifere, aufrechtere Haltung, ein plüschigeres Federkleid und mehr Kehltupfen. Außer in den genannten Äußerlichkeiten unterscheiden sie sich auch darin, dass Standardwellensittiche meist ruhiger, gemütlicher und flugfauler sind. Die Hansi-Bubis sind aufgeweckter, quirliger und neugieriger. Ausnahmen bestätigen aber auch hier die Regel!

HANSI-BUBI

Diese lustige Bezeichnung für die zierlichen und der Wildform am ähnlichsten Wellensittiche beruht darauf, dass früher Hansi und Bubi die häufigsten Namen für Wellensittiche waren.

Die Wildform der Wellensittiche ist also grün. Mittlerweile gibt es aber alle möglichen Farbschläge.
Grundsätzlich gehört ein Wellensittich entweder der **Grünreihe** an (grüne und gelbe Vögel und Schecken mit diesen Farben, gelbes Gesicht) oder der **Blaureihe** (blaue und weiße Vögel oder entsprechende Schecken, weißes Gesicht). Bei der Blaureihe gibt es wiederum die Besonderheit „Gelbgesicht“. Das heißt, der blaue Vogel hat ein gelbes Gesicht und auch der Körper kann mehr oder weniger gelb überhaucht sein. Ist der Körper stark gelb überhaucht, sieht er optisch sogar grün aus. Es handelt sich aber dennoch um einen Vogel der Blaureihe. Auch die anthrazitfarbenen Wellensittiche gehören der Blaureihe an.
Vögel mit umgekehrter Flügelzeichnung (schwarz oder dunkel gesäumt statt weiß oder gelb gesäumt) nennt man **Spangle**. Zudem gibt es noch verschiedene Schecken, Hell- und Grauflügel, die keine Wellenlinien mehr auf dem Flügel haben, Zimter, die eine braune Zeichnung aufweisen, Falben (blass, rote Augen), Clearbodys (heller Bauch), Opaline (fehlende Wellen im Nackenbereich), Inos (Albino weiß mit roten Augen, Lutino gelb) und alle möglichen Kombinationen

dieser Farbschläge. Der momentan beliebteste ist wahrscheinlich der sogenannte „Rainbow-Wellensittich", eine Kombination aus Gelbgesicht, Hellflügel und Opalin (Blaureihe). Über die speziellen Farbschläge und deren Zucht wird später im Kapitel „Ein bisschen Genetik" noch näher eingegangen.

Die echte Wildfarbe wie bei diesem Wellensittich wird bei den Nachzuchten immer seltener.

Von der artgerechten Haltung zur Zucht

Wer züchten möchte, braucht Tiere, die in guter Kondition sind, die sich wohlfühlen, gesund und kräftig sind. Denn das Brutgeschäft ist anstrengend. Wenn es den Elterntieren nicht gut geht, geht das Züchten nicht gut. Entweder sind die Nachkommen schwächlich, krank oder sterben gar. Vielleicht sind bereits die Eier unbefruchtet, es bildet sich die Schale schlecht oder die Eltern sterben oder laugen aus. Um solchen Komplikationen vorzubeugen, legen wir Wert auf eine optimale Haltung, und zwar ganzjährig, nicht nur während der Zuchtsaison!

Ein regelmäßiger Freiflug ist wichtig. In einer großen Voliere wie hier können sich die Wellensittiche ständig frei bewegen.

Die richtige Unterbringung

Grundsätzlich gilt für die Unterbringung von Wellensittichen: Je mehr Platz, desto besser! Wer seine Vögel in einem Käfig oder einer Voliere im Zimmer hält, muss dafür Sorge tragen, dass sie mehrere Stunden Freiflug im Zimmer haben und sich so richtig bewegen können. Es ist immens wichtig für Vögel, dass sie fliegen können! Sie brauchen dies für eine Durchlüftung der Luftsäcke und der Atmungsorgane.

Auch wenn eine solche Freiflugmöglichkeit im Zimmer gewährleistet ist, sollte der **Käfig** eine gewisse Größe haben, denn auch in der Zeit, die die Tiere im Käfig verbringen, sollten sie Bewegungsfreiheit haben. Sie sollen auch innerhalb des

Käfigs mehrere Flügelschläge am Stück machen können. Dazu bringt man die Sitzstangen rechts und links im Käfig möglichst weit voneinander entfernt an. In der Mitte sollte ein Bereich sein, über dem keine Sitzmöglichkeit ist, sodass dort Futter und Wasser in Schalen auf dem Boden angeboten werden können, ohne dass es verkotet wird.
Manche Käfige haben Futternäpfe seitlich im Gitter integriert samt Abdeckung, sodass kein Kot hineingelangen kann. Artgerechter ist jedoch die Fütterung auf dem Käfigboden, da Wellensittiche auch in freier Natur viel Futter gemeinsam auf dem Boden aufnehmen. Zudem bietet das Einrechnen eines solchen Futterplatzes die Gewähr, dass der Käfig tatsächlich eine gewisse Größe aufweist.
Ein vernünftiger Wellensittichkäfig für ein Paar sollte mindestens 1 Meter breit sein. Besser ist jedoch eine Breite von 1,50 Meter oder mehr. Hierin haben dann, mit dem täglichen Freiflug, auch zwei Pärchen Platz. Wellensittiche sollten nämlich, entgegen der meist gegebenen Empfehlung, besser nicht paarweise, sondern idealerweise im Kleinschwarm von mindestens vier Tieren gehalten werden. Erst dann leben sie so richtig auf. Und wenn man züchten möchte, führt daran sowieso kein Weg vorbei, da lediglich zwei Tiere selten in Brutstimmung kommen.

Eine noch artgerechtere Unterbringung von Wellensittichen im Haus ist eine große, meist fest eingebaute **Zimmervoliere** ohne Freiflug (Marke Eigenbau). Dies wird oft dann gemacht, wenn zwar der nötige Platz da ist, aber keine Möglichkeit besteht, ein Zimmer so abzusichern, dass den Vögeln Freiflug gewährt werden kann – oder auch wenn man aufgrund der „Häufchen", angenagter Möbel und Bücher oder aus anderen Gründen keinen Freiflug möchte. Eine solche Zimmervoliere zur Dauerunterbringung sollte dann eine Breite von mindestens 2,50 bis 3 Meter aufweisen, 1 Meter tief sein und 2 Meter hoch. Hier finden dann aber auch sechs bis acht Wellensittichpärchen Platz.

Eine andere beliebte Unterbringungsart im Haus ist das eigene **Vogelzimmer** für die Sittiche. Wer ein Zimmer hat, das sonst nicht genutzt wird, kann es entsprechend vogelsicher gestalten, sodass die Vögel sich Tag und Nacht dort aufhalten können. Manchmal gibt es noch einen Käfig als Futterplatz oder zum Übernachten, der aber nie geschlossen wird. Damit die Vögel wirklich nie im Käfig eingesperrt werden müssen, ist beim Vogelzimmer das Fenster zum Lüften normalerweise mit Volierendraht vergittert. Oder im Idealfall schließt sich sogar eine Außenvoliere an.
Das Aufstellen eines Käfigs im Vogelzimmer bietet den Vorteil, dass die Tiere ein bisschen daran gewöhnt sind, was weniger Stress beim Tierarztbesuch bedeutet. Ansonsten richtet sich die Zahl der möglichen Paare nach der Größe des Vogelzimmers. Es sollte so eingerichtet werden, dass es einerseits leicht zu säubern ist und andererseits viele verschiedene Sitzmöglichkeiten und Beschäftigungsmöglichkeiten für die Tiere bietet. Eine gute Möglichkeit hierzu ist zum Beispiel das Aufhängen von Naturästen.

Auch in Menschenobhut nehmen Wellensittiche gern Erde auf, um ihren Mineralhaushalt zu decken. Sie sollte aber auf alle Fälle frei von Schimmel sein.

Bei einer ganzjährigen Haltung außerhalb des Hauses in einer **Außenvoliere** ist ein angeschlossenes Schutzhaus Pflicht. Dies kann zum Beispiel ein Schuppen, ein Gartenhaus oder eine extra errichtete Hütte sein, in der es im Winter zumindest frostfrei sein muss. Dies erreicht man über entsprechende Frostwächter, das sind kleine Heizöfen, die im Handel erhältlich sind und die entweder mit Strom, Gas oder Heizöl betrieben werden können und für Plusgrade im Innenbereich sorgen. Da bei einer Außenhaltung logischerweise kein Freiflug möglich ist, gilt auch hier, dass die Voliere entweder im Innen- oder im Außenbereich mindestens 2,50 Meter lang sein sollte, sodass zumindest diese Strecke am Stück geflogen werden kann.
Wellensittiche sind im Übrigen, wenn sie gut eingewöhnt sind, relativ kälteunempfindlich und nutzen den Außenbereich der Voliere meist auch im Winter. Der Einflug sollte jedoch so gestaltet sein, dass nicht zu viel Kaltluft in den frostfreien Innenbereich eindringen kann und zumindest keine Zugluft dort herrscht.

Zugluft ist zwar schädlich für Wellensittiche, sonst tragen aber frische Luft und Sonnenlicht zu einer gesunden Haltung der Vögel bei. Wer keine Außenvoliere hat, sollte daher möglichst einen anderen Weg finden, den Tieren ab und zu ein **Sonnenbad** zu gönnen, zum Beispiel indem der Käfig auf die Terrasse gerückt wird. Hierbei sollte man aber darauf achten, dass der Käfig nicht komplett in der Sonne steht, sondern dass die Vögel auch die Möglichkeit haben, sich in den Schatten zurückzuziehen.

Naturäste in verschiedenen Stärken sind ideal als Sitzmöglichkeiten geeignet.

Eine andere Möglichkeit ist ein mit Volierendraht vergittertes Fenster in der Wohnung, welches geöffnet werden kann und den Wellensittichen so die Gelegenheit gibt, Sonnenlicht und frische Luft zu genießen. Sinnvollerweise sollte eine Sitzgelegenheit für die Vögel beim vergitterten Fenster angebracht sein. Auch vergitterte Balkone oder an Fenstern angebrachte kleine Außenvolieren sieht man immer öfter und dienen dem Wohlbefinden der Tiere.
Wer gar keine Möglichkeit hat, seinen Vögeln ein regelmäßiges Sonnenbad zu bieten (Achtung, Fensterglas lässt kein UV-Licht durch!), sollte eine Volierenbeleuchtung mit ultraviolettem Licht wählen (Birdlamp oder Ähnliches).

Bei der Einrichtung des Käfigs oder der Voliere ist auf verschiedene **Sitzmöglichkeiten** für die Tiere zu achten. Glatte Holz- oder Plastikstangen mit jeweils dem gleichen Durchmesser sollen vermieden werden. Besser ist es, als Sitzstangen Naturäste mit verschiedenem Durchmesser zu wählen, sie dürfen auch schön dick sein. Auch Schaukeln werden von Wellensittichen gern genutzt. Hier ist darauf zu achten, dass für jeden Vogel ein gleichwertiger Schaukel-Sitzplatz vorhanden ist, sonst kommt es leicht zu Streitereien um die attraktiven Plätze.

Einstreu wird im Handel inzwischen in allen möglichen Variationen angeboten: von Vogelsand über Buchenholzgranulat bis hin zu Mais- oder Hanfeinstreu. Es besteht aber auch die Möglichkeit, den Käfig nur mit Zeitung oder Küchenpapier auszulegen. Man sollte einfach ausprobieren, was von den Tieren und vom Halter als am angenehmsten empfunden wird.

Futter- und Wassernäpfe sollten möglichst aus Porzellan oder Edelstahl, also leicht zu reinigen sein. Insbesondere Wassernäpfe sollten keine Ecken haben, in die man beim Reinigen schlecht hineinkommt. Ich empfehle in Käfigen, wie

Diese Futterschale in einer großen Gemeinschaftsvoliere ist leicht erhöht angebracht.

oben beschrieben, flache Porzellanschalen und eine Bodenfütterung. In großen Volieren und Vogelzimmern sind ebenfalls flache Porzellanschalen sinnvoll, die dann auf einem Futtertisch stehen können.

Der Wassernapf sollte doppelt vorhanden sein, da es wichtig ist, ihn nach dem Reinigen längere Zeit austrocknen zu lassen, um zu verhindern, dass sich feuchtigkeitsliebende Keime oder Bakterien (zum Beispiel Trichomonaden) dort vermehren.

TIPP!

Wellensittiche sollten möglichst mit gleichem Geschlechterverhältnis gehalten werden, also zum Beispiel zwei Hähne und zwei Hennen. Bei einer ungleichen Geschlechterverteilung sollten die Hähne in der Überzahl sein. Es funktionieren auch reine Männer-WGs (natürlich nicht, wenn man züchten will), während nur Hennen, selbst zu zweit, meistens Probleme bereiten, da sie sich nicht vertragen.

Unterbringung während der Zucht

Wer Wellensittiche züchten möchte, sollte mindestens zwei Pärchen haben, damit die Vögel die Laute anderer Wellensittiche hören können. Ein Paar allein kommt oft nicht oder viel schwerer in Brutstimmung, auch wenn Ausnahmen natürlich die Regel bestätigen. Ein anderer Vorteil von mehreren Zuchtpaaren ist, dass bei unversorgten Jungvögeln oder nicht bebrüteten Eiern ein anderes Paar als Ammenvögel dienen kann. Wellensittiche sind in dieser Beziehung relativ problemlos und ziehen auch fremde Küken meist ohne Schwierigkeiten auf.

Rechnet man also zwei Paare mit jeweils bis zu sechs Jungen, die nach dem Ausfliegen dann auch wieder untergebracht werden müssen, ergibt sich, dass eine Zucht im Wohnzimmer doch nicht so einfach ist, wie manche vielleicht vorher denken. Da Wellensittiche nicht in Kolonie brüten sollten (dazu später mehr), besteht zumindest folgender Platzbedarf: Jeweils ein Zuchtkäfig für jedes Paar mit den Mindestmaßen 100 x 50 x 60 cm (L x B x H) und nachher dann entweder eine Gemeinschaftsvoliere für den ausgeflogenen Nachwuchs mit den Eltern (Maße mindestens 2,50 x 1 x 2 m) oder entsprechend viele ausreichend große Zimmervolieren.
Eine gemeinschaftliche Unterbringung in einer großen Voliere oder einem Vogelzimmer (außerhalb der Zuchtperiode) ist wesentlich schöner und einfacher, als die Tiere zu zweit oder zu mehreren in verschiedenen Käfigen zu halten. Zudem ist es schwierig, die Tiere nach dem Freiflug wieder in die jeweils richtigen Käfige zurück zu bekommen.
Wichtig ist, dass die Zuchtkäfige nicht in einem Bereich stehen dürfen, in dem andere Wellensittiche frei fliegend unterwegs sind. Wer also ein Vogelzimmer hat, in dem noch andere Wellis fliegen (vielleicht der Nachwuchs vom anderen Paar oder die vorhergegangene Brut), muss die Zuchtkäfige woanders aufstellen, und zwar deshalb, weil es sonst immer wieder zu Störungen oder gar Verletzungen kommt. Die frei fliegenden Vögel setzen sich ans Gitter der Zuchtkäfige und werden von der Henne, die dort brüten soll, attackiert und zum Beispiel in die Füße gebissen. Oder umgekehrt beißen die Vögel von außen die innen am Gitter sitzenden Sittiche in die Füße. Es kommt jedenfalls schnell zu Blutvergießen. Auch besteht nicht genug Ruhe für die Henne, die brüten oder Küken aufziehen soll, was zu einem Vernachlässigen oder gar Verlassen des Geleges oder der Küken führen kann.

Wer Wellensittiche züchten möchte, sollte daher gut durchdenken, ob er die räumlichen Voraussetzungen schaffen kann. Dies gilt selbstverständlich in gleichem Maße für die Außenhaltung. Auch dort müssen die Zuchtkäfige gesondert untergebracht sein, ohne dass es Berührungspunkte mit der Gemeinschaftsvoliere gibt. Die Zuchtkäfige müssen sich im frostfreien Innenbereich befinden, außer es wird nur in den warmen Monaten gezüchtet. Auch im Sommer ist darauf zu achten, dass sie ohne Zugluft und witterungsgeschützt (überdacht) stehen.

In der warmen Jahreszeit kann der Nistkasten auch im Außenbereich angebracht werden.

Es ist also nicht damit getan, an einen vorhandenen Käfig mit einem Paar Wellensittichen einen Nistkasten anzuhängen, denn auch wenn man vorhat, die Küken nachher abzugeben, wird man zumindest zeitweise einen größeren Schwarm bei sich zu beherbergen haben. Bei sechs Küken, was die Normalgröße eines Geleges ist, ist das dann immerhin ein Schwarm mit acht Tieren. Bei zwei Zuchtpaaren hat man dann eben schnell mal 16 Wellensittiche unterzubringen. Auch vom Lärm, den herumfliegenden Federn und Futterschoten, den herumliegenden Häufchen beim Freiflug usw. ist das noch einmal eine ganz andere Hausnummer als ein Kleinschwarm mit vier Tieren!
All dies sollte bedacht werden, bevor man eine „Wohnzimmer-Zucht" startet! Nicht umsonst haben viele Züchter, die als Wohnzimmer-Züchter angefangen haben, ihre Zucht später in andere Räumlichkeiten verlegt und zum Beispiel in einem hellen Kellerraum oder im Dachgeschoss eine Volierenanlage eingebaut oder eine Außenvoliere errichtet. Da viele Züchter, auch ich selbst, mit einer „Wohnzimmer-Zucht" angefangen haben, möchte ich diese aber nicht verdammen. Es kann ein Einstieg in ein schönes Hobby sein, wenn man die räumlichen Möglichkeiten schaffen kann. Es muss gewährleistet sein, dass die brütenden Paare und auch der Nachwuchs tierschutzgerecht untergebracht werden können – also zum einen mit genug Raum, zum anderen hygienisch und verletzungsfrei.

Risiko Koloniebrut

Von Koloniebrut spricht man, wenn man mehrere Pärchen im gleichen Raum brüten lässt, also wenn zum Beispiel zwei Wellensittichpärchen in je einem Nistkasten in der gleichen Voliere brüten. Warum ist dies bei Wellensittichen nicht ratsam?
Wellensittichhennen werden, vor allem wenn sie brutlustig sind, sehr leicht aggressiv. Sie verteidigen ihren Nistkasten oder versuchen einen anderen Nistkasten zu erobern und schrecken dabei auch vor Kämpfen bis aufs Blut nicht zurück. Es kann dabei auch Tote geben. So kann es vorkommen, dass eine Henne den Nistkasten einer anderen Henne, die darin schon bei der Kükenaufzucht ist, aufsucht, alle Küken tot beißt und hinauswirft und den Nistkasten selbst belegt. Im schlimmsten Fall kann dann die ausgebootete Henne zurückkommen und ihrerseits die eingedrungene Henne angreifen.

Oft wird geraten: Wenn Koloniebrut, dann nur in sehr großen Volieren. Und man sollte doppelt so viele Nistkästen aufhängen, wie Paare vorhanden sind, und möglichst alle noch an ähnlich attraktive Plätze, also zumindest gleich hoch. Ein höher hängender Nistkasten wird nämlich als attraktiver empfunden als ein weniger hoch hängender. Zwischen den einzelnen Nistkästen sollte ein Abstand von mindestens 1,00 Meter eingehalten sein.
Dies macht schon deutlich, dass Koloniebrut viel Platz erfordert. Und auch dann ist immer noch nicht gesagt, dass es ohne Kämpfe abgeht. Es kann dennoch sein, dass eine Henne Gefallen an einem Nistkasten einer anderen findet und versucht, diesen zu übernehmen, auch während des Brutgeschäfts.

Es ist also erforderlich, gut zu beobachten und im Ernstfall einzugreifen. Es sollte immer auch die Möglichkeit bestehen, die Paare bei Bedarf schnell trennen zu können. Da man seine Vögel nicht rund um die Uhr beobachten kann, stellt sich die Frage, ob es sinnvoll ist, das Risiko überhaupt einzugehen, oder ob man nicht besser Voraussetzungen schafft, dass jedes Paar ungestört und stressfrei dem Brutgeschäft nachgehen kann.

Außerdem bringt Koloniebrut auch noch andere Nachteile mit sich: Es lässt sich nicht verhindern, dass sich Paarzusammenstellungen ergeben, die ungünstig sind. Wenn es lediglich um Farbwünsche geht, die wir erzüchten wollen, und die dann nicht zustande kommen, mag das ja noch gehen. Es gibt jedoch Verpaarungen, die man grundsätzlich vermeiden sollte. So kann zum Beispiel wiederholte Inzucht zu schwachen oder gar flugunfähigen Tieren führen.

Auch wenn man nur vermeintlich feste Paare in der Voliere hat, kann man andere Verpaarungen nicht ausschließen. Selbst wenn Wellensittichen eine gewisse Monogamie nachgesagt wird, kann man auch bei festen Paaren nie sicher sein, dass diese sich nur miteinander fortpflanzen. Oft genug kommt es vor, dass ein Welli plötzlich Gefallen an einem anderen Partner bekommt oder zumindest mal seine Chancen testet. Spätestens wenn die eigene Henne mit dem Brüten beschäftigt ist und noch keine Jungen zu versorgen sind, wird den Hähnen, die sich ja in Fortpflanzungsstimmung befinden, oft langweilig. Da kommt es immer mal wieder auch zu Fehltritten oder sogar Umverpaarungen. Also Wellis sind nicht wirklich monogam!

Zudem sollte man aus Tierschutzgründen ausschließen können, dass sich zu alte oder zu junge Tiere fortpflanzen. Wenn alle Vögel in einer Gemeinschaftsvoliere leben, in der dann Nistkästen aufgehängt werden, werden möglicherweise auch ganz junge Tiere, die gerade eben geschlechtsreif geworden sind, brutlustig und schreiten zur Brut. Das ist weder für diese Tiere gesund (Legenot ist vorprogrammiert), noch kann man mit kräftigem und gesundem Nachwuchs rechnen. Meistens versorgen zu junge Wellensittiche ihre Küken nicht durchgehend. Auch ältere Vögel sollten vom Brutgeschäft ausgeschlossen werden und ihr „Rentnerdasein“ genießen dürfen.

Daher macht es Sinn, Wellensittiche nicht in Kolonie brüten zu lassen, sondern die Zuchtpaare jeweils in Zuchtkäfigen mit den oben genannten Abmessungen zu isolieren. Kleiner sollte der Zuchtkäfig aber nicht sein, denn erfahrungsgemäß genießt es die Henne in der kurzen Zeit, in der sie den Nistkasten verlässt, ein paar Flügelschläge zu machen. Wahrscheinlich braucht sie dies, um ihre Luftsäcke ordentlich durchzulüften und ihre Flugmuskulatur einigermaßen in Schuss zu halten.
Also auch beim Zuchtkäfig ist es kein Fehler, wenn dieser größer ist als die beschriebenen Mindestmaße.

Die richtige Ernährung

Grundsätzlich gilt für die Ernährung aller Lebewesen, dass sie so natürlich wie möglich erfolgen sollte. Viel Fertignahrung aus der Fabrik führt zu Fehlernährung. Bereits im letzten Jahrhundert zeigten Versuche mit Mäusen und Ratten, dass sie bei einer Fütterung mit Zucker und weißem Mehl in nachfolgenden Generationen unfruchtbar wurden und Krankheiten entwickelten.

Was bedeutet das für unsere Wellensittiche? Wie ernähren sich die Wellensittiche in ihrer australischen Heimat? Dies wissen wir relativ genau, da es dazu schon viele Forschungen gab wie zum Beispiel die Untersuchung der Mageninhalte toter Sittiche in Australien. Was wurde gefunden? In erster Linie waren es Samen, überwiegend von Süßgräsern, aber auch Teile von Blättern, Äste, Rinde und auch in geringer Menge Insekten oder Insekteneier (Ameiseneier). Wellensittiche, die fernab der Zivilisation leben, fressen in erster Linie Grassamen, vorwiegend Süßgräser. In der Nähe von menschlichen Siedlungen fressen sie aber auch gern halbreifes Getreide wie Weizen oder auch Mais.

Oft ist es trocken im australischen Busch und die Nahrung ist karg. Sie besteht dann überwiegend aus trockenen Sämereien. Diese beginnen bei Eintritt der Regenzeit zu keimen, neues Grün wächst auf. Das Nahrungsangebot der Sittiche verbessert sich. Die Wellensittiche kommen dann sehr schnell in Brutstimmung und haben so kurze Zeit später zur Kükenaufzucht reichlich halbreife Samen zur Verfügung. Diese sind besonders weich und können schnell verfüttert werden, ohne lange im Kropf der Tiere eingeweicht werden zu müssen.

Die Kolbenhirse wird meistens als Leckerei angeboten.

Was bedeutet dies für die Ernährung unserer Sittiche? Viele Wellensittiche, die als Heimtiere gehalten werden, bekommen ein Grundfutter angeboten, welches vorrangig aus verschiedenen Hirsekörnern besteht, vielleicht gemischt mit Glanz und etwas Hafer und möglicherweise sogar Bäckereierzeugnissen, was in manchem Wellensittichfutter aus dem Supermarkt enthalten ist. Meist wird dazu Obst (vorrangig Apfel) oder Gemüse (Gurke, Möhre, Paprika oder Ähnliches) und Grünfutter (Salat, Löwenzahn) angeboten. Als Leckerei gibt es meistens Kolbenhirse.

Sehr schnell wird man Bäckereierzeugnisse als den am wenigsten natürlichen Nahrungsbestandteil identifizieren. Tatsächlich hat so etwas in der artgerechten Ernährung der Tiere nichts verloren. Erhitzte, gebackene Nahrung finden die Tiere in der Natur ebenso wenig wie Fabrikzucker und Weißmehl. Die Inhaltsstoffe werden zudem durch das Erhitzen verändert, Eiweiße werden denaturiert. Dies hat Auswirkungen auf den Körper. Es trägt zum Beispiel zu Übergewicht und damit zu einer Organverfettung bei und leistet auch der Tumorbildung Vorschub.

Auch Obst, was viele für ein natürliches und zuträgliches Nahrungsmittel halten, ist für Wellensittiche nicht unbedingt gut. Obst hat meist einen sehr hohen Zuckeranteil, und zwar einen wesentlich höheren Zuckeranteil als die Nahrung, die die Vögel in der Wildnis aufnehmen. Es kann daher ebenfalls zu Übergewicht und auch zu Bauchspeicheldrüsenproblemen führen. Grünfutter und Gemüse hingegen ist in kleineren Mengen artgerecht und verträglich.
Dazu kommt, dass beim Verfüttern von viel frischer Kost, sei es Obst, Gemüse, Grünfutter oder gekeimtem Getreide, die Tiere rasch in Brutstimmung kommen, da sie sich instinktiv in den Beginn der Regenzeit in ihrer australischen Heimat versetzt fühlen, wenn reichlich weiches, leicht verfütterbares Futter zur Verfügung steht. Dies können wir uns zunutze machen, wenn wir züchten wollen (später mehr). Wer nicht züchten möchte, sollte seinen Vögeln jedoch nicht allzu viel Frischfutter anbieten, um nicht unnötig den Bruttrieb zu wecken.

Wichtig ist es jedoch, ab und zu Eifutter und Quell- oder Keimfutter anzubieten, damit die Tiere es kennen und zu Beginn der Zuchtsaison dann auch tatsächlich annehmen. Es genügt aber, dieses Futter einmal im Monat oder alle vierzehn Tage zu geben.
Das Grundfutter für Wellensittiche außerhalb der Brutzeit soll somit aus einer guten, ausgewogenen Körnermischung bestehen. Diese sollte viele verschiedene Saaten enthalten, vorrangig Hirse, aber auch Glanzsaat, Grassamen und andere Samen wie Salatsamen, Brokkolisamen, Rettichsamen, Unkrautsamen usw. können enthalten sein.
Wenn die Vögel es annehmen, sind auch getrocknete Beeren wie getrocknete Ebereschenbeeren nicht verkehrt. Hafer ist sehr mehlhaltig und kann im Übermaß zu einer Gewichtszunahme führen und sollte daher, wenn überhaupt, nur in Maßen enthalten sein. Auch ölhaltige Samen wie Leinsaat oder Ähnliches sollten im Wellensittichfutter nicht enthalten sein, da im australischen Busch weniger fetthaltige Samen gefressen werden, sondern vorwiegend Süßgräser, wozu auch unsere Getreidesorten (in kultivierter Form) gehören.
Fetthaltige Samen sind sehr kalorienreich und führen daher rasch zu Übergewicht. Vögeln mit Gewichtsproblemen kann man einen größeren Anteil Grassamen (zum Beispiel Knaulgras) unter das Futter mischen. Grassamen und Unkrautsamen sind in gut sortierten Zoogeschäften und auf jeden Fall übers Internet zu erhalten.
Von der Körnermischung sollte jeder Vogel täglich ein bis zwei Teelöffel, je nach Bedarf, aufnehmen können, und zwar wann er möchte („ad libidum"). Zweimal in der Woche kann man etwas Grünfutter oder anderes Frischfutter anbieten. Als

Frische Zweige werden gern angenommen. Sie vertreiben die Langeweile und tragen zur Schnabelpflege bei.

Grünfutter eignet sich Löwenzahn am besten, aber auch Möhrengrün, Vogelmiere, Golliwog, kleinere Mengen Basilikum usw. Als Frischfutter eignen sich Salatgurke, Möhre, Paprika, ab und zu etwas säuerlicher Apfel oder Beerenobst oder auch Radieschen. Banane sollte gar nicht gegeben werden, da sie zu viel Zucker enthält. Auch bei Trauben, Birnen, Pfirsichen oder Pflaumen ist aus demselben Grund Vorsicht geboten.

Eine gute Nahrungsergänzung und gleichzeitig Beschäftigung stellen frische Zweige dar. Die Rinde enthält viele Mineralstoffe, pflegt den Schnabel und der Vorgang des Abschälens bzw. Schredderns vertreibt die Langeweile. Zweige und Grünfutter werden von den Wellensittichen meist auch problemlos angenommen, während viele Tiere Obst und Gemüse meiden, wenn sie es nicht kennen bzw. nicht gewohnt sind. In solchen Fällen kann es helfen, die Apfelschnitze oder Gurkenscheiben usw. in normalem Körnerfutter zu „panieren“. Die Vögel picken dann die Körner ab und kommen nicht selten auf den Geschmack des fremden Futterbestandteils. Alternativ kann man das Obst oder Gemüse reiben und unter das Körnerfutter mischen. Dabei ist aber zu beachten, dass das geriebene Obst oder Gemüse schnell verdirbt und die Mischung nach wenigen Stunden aus dem Käfig genommen werden sollte.

Nahrungsergänzung

Eine Nahrungsergänzung mit künstlichen Vitaminen oder Mineralstoffen ist bei abwechslungsreich ernährten Wellensittichen nicht erforderlich. Wer züchtet, sollte lediglich darauf achten, dass die Tiere, insbesondere die Hennen, ausreichend mit Kalzium und Vitamin D3 versorgt sind. Eine Kalziumanreicherung der Nahrung kann durch Mineralsteine oder Grit erfolgen. Wird dies von den Vögeln nicht angenommen, kann man entsprechende Präparate über das Futter streuen (Futterkalk). Bei Vögeln, die in reinen Innenvolieren leben, sollte ein Präparat gegeben werden, welches zusätzlich zum Kalzium auch Vitamin D3 enthält, da dieses für die Aufnahme von Kalzium unerlässlich ist. Vitamin D3 wird vom Körper gebildet, wenn ultraviolettes Licht vorhanden ist, weshalb Vögeln, die in Außenvolieren leben und Sonnenlicht genießen können, dieses Vitamin nicht künstlich zugeführt werden muss.

Wer seine Vögel eher karg ernährt, zum Beispiel weil sie kein Frischfutter annehmen, kann von Zeit zu Zeit ein gutes Multivitaminpräparat übers Futter geben.

Sammeln von Vogelfutterpflanzen

Vieles, was bei uns wächst, eignet sich hervorragend für die Fütterung von Wellensittichen und stellt ein frisches, natürliches und artgerechtes Futter dar.

Sehr gern fressen die Vögel, wie in ihrer australischen Heimat, halbreife oder auch reife Grassamen, die man im Frühjahr und Sommer bis in den Herbst hinein sammeln kann. Die Samenstände der in Deutschland vorkommenden Grasarten sind, soweit mir bekannt, für die Fütterung von Sittichen geeignet und können bedenkenlos gegeben werden. Manche Halter trocknen das gesammelte Gras für den Wintervorrat. Es lässt sich auch einfrieren.

Auch geeignet als Ergänzungsfutter für Wellensittiche sind Ebereschenbeeren. Wenn die Tiere sie zunächst nicht annehmen, kann man sie halbiert im Napf anbieten.

Wie schon angesprochen sind auch frische Zweige als Knabbermaterial und Nahrungsergänzung für Wellensittiche hervorragend. Gern genommen werden alle Obstbaumsorten sowie Haselnuss, Pappel oder Weide. Auch Holunderäste, die relativ weich sind, werden gern benagt, sollten jedoch ohne Blätter gegeben werden, da diese leicht giftig sind. An Nadelholz eignet sich Nordmanntanne, da diese wenig harzt. Dennoch sollten die Zweige vorher auf harzende Stellen hin untersucht werden, da das Harz die Schnäbel der Vögel böse verkleben kann.

Weitere Pflanzenteile, die als Vogelfutter für Wellensittiche gut geeignet sind, sind Blätter, Blüten und Samenstände vom Löwenzahn, Himbeer- oder Brombeerblätter ohne Stacheln, Weißdornbeeren (auch hier auf die Stacheln aufpassen), die Samenstände von Spitzwegerich, Breitwegerich, Sauerampfer sowie Hagebutten. Die Hagebutten werden halbiert angeboten, da viele Vögel vor allem die Kerne mögen. Diese sind auch als Aufzuchtfutter hervorragend geeignet.

Beim Sammeln von Vogelfutterpflanzen ist darauf zu achten, dass das Sammelgut nicht gespritzt ist. Auch sollte nicht an viel befahrenen Straßen gesammelt werden. Die Pflanzenteile, die mitgenommen werden, sollten sauber sein, also

Es gibt sehr viele verschiedene Futterpflanzen, die für Wellensittiche geeignet sind.

nicht mit Hunde- oder Vogelkot verunreinigt. In jedem Fall werden sie aber zu Hause unter fließendem Wasser zunächst gründlich gereinigt. Es versteht sich von selbst, dass nur solche Pflanzen gesammelt werden, die wir einwandfrei identifizieren können, um zu vermeiden, dass Giftpflanzen verfüttert werden.

Sinnvolle Beschäftigung

Die richtige Beschäftigung für Wellensittiche bedeutet in erster Linie, fliegen zu dürfen, in zweiter Linie, Dinge mit dem Schnabel zu erforschen und zu schreddern, und außerdem das Klettern.

Das **Fliegen** anzubieten ist kein größeres Problem, dazu bedarf es nur etwas Platz. Wenn Wellensittiche im Kleinschwarm ab vier Tiere gehalten werden, nehmen sie das Flugangebot auch meist an. Bei zwei Wellensittichen kommt es vor, dass diese wenig aktiv sind und kaum fliegen. Schon dies ist ein Grund, Wellensittiche lieber in Kleinschwärmen zu halten. Wenn die Tiere auch dann noch flugfaul sind, gilt es, die Umgebung so zu gestalten, dass die Sittiche zum Fliegen angeregt werden. Hierzu können attraktive Anflugstellen geschaffen werden wie zum Beispiel durch das Aufhängen von Ästen oder Seilen.

Wellis, die im Käfig gehalten werden und diesen nicht gern verlassen, können durch einen Ast, der so angebracht wird, dass er von innen nach außen führt,

NICHT GEEIGNET!

Nicht als Spielzeug für Wellensittiche geeignet sind Spiegel und Plastikvögel. Die Tiere halten diese für einen Artgenossen, balzen ihn an und versuchen ihn möglicherweise sogar zu füttern. Da die künstlichen Kameraden das Futter nicht annehmen, kann es zu einem Futterstau im Kropf und dadurch zu einer Reizung desselben kommen. Im schlimmsten Fall kommt es zu einer Kropfentzündung.

hinausgelockt werden. Auch kann es hilfreich sein, den Vögeln bekannte attraktive Spielsachen nur noch draußen anzubieten wie zum Beispiel eine Korkröhre. Füttern hingegen sollte man nur im Käfig, um sicherzustellen, dass die Tiere auch wieder gern zurückgehen. Für eine Übergangszeit kann es jedoch erforderlich sein, Kolbenhirse an den gewünschten Anflugstellen anzubringen, um die Tiere dorthin zu locken.

Zum **Schreddern** bieten sich, wie schon geschrieben, frische Äste an, gern auch belaubt. Ebenfalls beliebt sind Artikel aus Kork, die im Zoofachhandel, meist beim Terrarienbedarf, erhältlich sind. Bei Röhren aus Kork ist zu beachten, dass diese durch die Ähnlichkeit mit einer Bruthöhle den Bruttrieb fördern können. Wer kurz vor der Zuchtsaison steht, kann sich dies zunutze machen. Nach Abschluss der Saison sollte man die Röhren lieber der Länge nach halbieren oder in kleinere Ringe zersägen und aufhängen.

Zum **Klettern** sind Seile sehr gut geeignet, wobei man aufpassen sollte, dass die Tiere nicht anfangen, diese zu benagen und Fasern zu fressen. Ebenso ist darauf zu achten, dass die Seile so beschaffen sind, dass die Vögel nicht mit ihren Krallen daran hängen bleiben oder sich sogar strangulieren können. Weitere Klettermöglichkeiten sind Leitern und Kletterbäume oder einfach wieder Naturäste. Auch im Handel sind zahlreiche Spielsachen für Wellensittiche erhältlich. Mit etwas Geschick kann man jedoch vieles selbst basteln. Man sollte dabei darauf achten, unbehandelte Materialien (zum Beispiel Holz, Karton, Kork) zu verwenden. Auch ist aufzupassen, dass sich die Tiere nirgends einklemmen, verheddern oder mit der Kralle hängen bleiben können.

Futter zum Beschäftigen

Im australischen Busch verbringen die Tiere sehr viel Zeit mit der Futtersuche und -aufnahme. Käfigvögel hingegen, die ihr Körnerfutter im Napf schnabelgerecht angeboten bekommen, sind nach wenigen Minuten satt und haben danach den ganzen Tag noch vor sich. Langeweile ist vorprogrammiert. Es macht Sinn, die Vögel auch bei der Heimtierhaltung mit der Futteraufnahme möglichst lange zu beschäftigen, zumindest außerhalb der Zuchtsaison. Bei der Jungenaufzucht hingegen ist es sogar wichtig, dass schnell Futter aufgenommen und weitergegeben werden kann. Hier reden wir jedoch zunächst von der Zeit außerhalb der Zucht.

Wenn Gurke oder Möhre nicht in kleine Stücke geschnitten, sondern im Ganzen oder halbiert am Käfiggitter angebracht wird, sind die Vögel eine gute Weile damit beschäftigt, das Gemüse zu zerkleinern. Man gewinnt den Eindruck, die komplette Möhre liegt nachher auf dem Käfigboden, aber natürlich haben die Tiere auch etwas davon aufgenommen. So kann man die Futteraufnahme ein wenig in die Länge ziehen. Gut dafür geeignet ist auch Zuckermais, welcher im ganzen Kolben irgendwo festgebunden werden kann, sodass die Vögel jedes einzelne Körnchen aufbeißen und fressen können.

Auch die schon beschriebenen belaubten Äste bringen Abwechslung und Beschäftigung ins Speiseangebot ebenso wie Kolbenhirse statt der normalen Hirse im Napf. Es wird oft gewarnt, dass Kolbenhirse einen hohen Kaloriengehalt habe und deshalb nicht zu oft gegeben werden dürfe. Kolbenhirse wird oft als Leckerchen und somit als seltenes Ergänzungsfutter gesehen. Hierzu ist zu sagen, dass es sich bei der Kolbenhirse um Senegalhirse handelt, die auch in manchem Wellensittichfutter enthalten ist. Die Hirsekörner unterscheiden sich kaum von den anderen im Futter enthaltenen Hirsesorten. Sie sind nicht wesentlich kalorienreicher und können daher bedenkenlos gegeben werden.

Eine Idee für eine sinnvolle Kletter- und Knabbermöglichkeit!

Frisches Obst, das man noch zerkleinern muss, bringt Abwechslung auf den Speiseplan und sorgt für Beschäftigung.

Man sollte nur darauf achten, dass man beim Reichen von Kolbenhirse entsprechend weniger vom normalen Körnerfutter gibt, da die Tiere ansonsten einfach aufgrund der größeren Futtermenge Fett ansetzen können. Gibt man Kolbenhirse anstatt des normalen Körnerfutters, entstehen keine Gewichtsprobleme. Besonders weich und schmackhaft und dabei kalorienärmer ist halbreife Kolbenhirse.

Eine andere Möglichkeit, die Vögel mit dem Futter beschäftigt zu halten, ist, es an verschiedenen Stellen anzubieten. So müssen die Vögel die Futterstellen erkunden und anfliegen. Diese Art der Fütterung ist ideal im Vogelzimmer oder in größeren Volieren. Bei Käfigvögeln besteht das Problem, dass diese wieder in den Käfig zurückkehren sollen, weshalb eine Fütterung im Käfig Sinn macht.
Wenn die Vögel daran gewöhnt sind, ihr Futter erst suchen zu müssen, kann man mit der Zeit auch schwierigere Verstecke vorsehen oder das Futter an schwer zugänglichen Stellen deponieren, wie zum Beispiel auf einem schaukelnden Brettchen oder in einer Papiertüte versteckt, die erst aufgerissen werden muss.
Gern wird auch auf dem Boden verstreutes Futter aufgepickt. Hier sollte man beachten, dass der Boden, wo das Futter ausgestreut wird, sauber ist.
Zunehmend gibt es auch im Handel immer mehr Intelligenzspielzeug, bei denen der Vogel erst eine Denkleistung vollbringen muss, um an eine Futterbelohnung zu kommen (Foraging-Spielzeug).

Gesundheitsvorsorge und mögliche Erkrankungen

Ein gesunder Wellensittich sieht auch gesund aus. Sein Federkleid ist sauber, vor allem auch um die Kloakenregion, und liegt glatt an. Gesunde Wellensittiche sind aktiv. Besonders die männlichen Tiere zwitschern fast den ganzen Tag. Wellis sind viel in Bewegung. Kranke Tiere hingegen sitzen oft apathisch und aufgeplustert herum. Sie sitzen dabei oft auf beiden Füßchen, statt auf nur einem, wie ein normal entspannter Sittich. Denn auch gesunde Tiere halten, meist in der Mittagszeit, eine Ruhephase ein, in der sie ruhig, manchmal leicht aufgeplustert und oft mit eingezogenem Köpfchen dasitzen. Dabei sitzen sie oft auf nur einem Bein. Diese Ruhephase ist dann aber nach zwei bis drei Stunden wieder vorbei und die Vögel sind so lebhaft wie vorher. Besonders in den frühen Abendstunden drehen sie meist nochmals so richtig auf.

Wenn bei Vögeln etwas Ungewöhnliches auffällt, ist es meistens an der Zeit, einen Tierarzt aufzusuchen. Man sollte nicht zu lange warten und nicht zu lange selbst herumdoktern, denn Wellensittiche als Schwarmtiere lassen sich möglichst lange nicht anmerken, dass ihnen etwas fehlt. Sie sind in der Wildnis darauf angewiesen, im Schwarm mitzufliegen, und tun dies so lange, wie es geht. Denn außerhalb des Schwarms zu bleiben, bedeutet meist das Ende.

Auch bei den als Haustiere lebenden Vögeln hat die Krankheit oft schon ein fortgeschrittenes Stadium erreicht, wenn wir den Tieren etwas anmerken. Deshalb möchte ich hier auch keine Abhandlungen über einzelne Krankheiten schreiben, sondern nur ein paar häufige Symptome auflisten und beschreiben, wie wir damit umgehen sollten. Denn in den allermeisten Fällen ist ohnehin ein Gang zum vogelkundigen Tierarzt unvermeidlich! Vieles kann sowohl eine harmlose als auch eine ernste Ursache haben und muss daher vom Spezialisten abgeklärt werden. Wichtig ist, dass der Tierarzt vogelkundig ist, da normale Kleintierärzte meistens sehr viel Erfahrung mit Hunden und Katzen und vielleicht auch Kaninchen haben, aber mit Vögeln wenig anfangen können. Lediglich durch eine Inaugenscheinnahme der Tiere lässt sich meist keine vernünftige Diagnose stellen, sondern es ist zum Beispiel ein Kropfabstrich, eine Kotuntersuchung oder eine Untersuchung von Federmaterial im Labor vorzunehmen. Auch das Narkotisieren von so kleinen Vögeln erfordert Fachwissen und Fingerspitzengefühl. Gleiches gilt für die Medikamentengabe. Viele Medikamente sollten sinnvollerweise per Spritze gegeben werden. Einem Wellensittich eine Spritze zu verpassen, traut sich nicht jeder Tierarzt zu. Deshalb macht es Sinn, lieber ein paar Kilometer weiter und dafür zu einem Vogelspezialisten zu fahren. Im Internet sind Listen über vogelkundige Tierärzte für alle Postleitzahlenbereiche verfügbar.

Gesunde Wellensittiche haben ein sauberes, glatt anliegendes Federkleid und sind sehr aktiv.

Häufige Symptome

Im Folgenden werden die häufigsten Symptome und ihre möglichen Ursachen kurz beschrieben.

Durchfall

Meistens fällt dünner oder unnormal gefärbter Stuhlgang als Erstes auf, wenn es einem Vogel nicht gut geht. Dünner Stuhl ist jedoch keine Krankheit, sondern ein Symptom für allerlei Erkrankungen. Es muss herausgefunden werden, was die Ursache ist. In aller Regel kann dies der Tierarzt durch die Untersuchung einer Kotprobe herausfinden. Hierzu können wir den betroffenen Vogel getrennt in einen Käfig setzen, um Kot zu erhalten. Es bietet sich an, zum Beispiel einen Gefrierbeutel auf den Boden des Krankenkäfigs zu legen, um so die Kotprobe zum Tierarzt einfach entnehmen zu können.
Dünner oder ungewöhnlich gefärbter Stuhl kann unter Umständen auch durch eine ungewohnt hohe Menge an Frischfutter, vor allem Grünfutter, hervorgerufen werden. Sollte dies der Fall sein, ist der Frischfutteranteil sofort zu reduzieren. Hält der Durchfall an, ist wiederum der Gang zum Tierarzt unausweichlich.

Hochwürgen von Futter

Auch dieses Symptom kann verschiedene Ursachen haben, dabei auch sehr ernste. Je nachdem, welche Krankheit zugrunde liegt, muss unter Umständen schnell gehandelt werden, um das Tier zu retten. Bei wiederholtem Hochwürgen von Futter ist daher ein rascher Tierarztbesuch unumgänglich, vor allem wenn beim Futter auch Schleim dabei ist. Es besteht dann der Verdacht auf Megabakterien, das sogenannte Going-Light-Syndrom. Das ist eine sehr verbreitete Pilzerkrankung, die man durch entsprechende Behandlung und Diät unter Umständen gut in den Griff bekommen kann. Gezüchtet werden sollte jedoch mit betroffenen Vögeln nicht.
Nicht krankhaft ist das Hochwürgen von Futter in der Balzzeit zum Füttern des Partners oder der Jungtiere. Dies lässt sich in der Regel gut unterscheiden, da balzende Tiere normalerweise lebhaft und agil sind, während Tiere, die krankhaft Futter oder Schleim hochwürgen, eher apathisch und lustlos sind.

Augenprobleme/-entzündungen

Auch hier sollte man nicht mit Hausmitteln herumdoktern, da Augenprobleme ein Zeichen für das Vorliegen einer Psittakose, der früher sehr gefürchteten Papageienkrankheit, sein können. Die Papageienkrankheit kann auch auf den Menschen übertragen werden und ist in früheren Zeiten verschiedentlich sogar tödlich ausgegangen. Heute ist sie gut behandelbar, es ist jedoch natürlich wichtig, dass sie tatsächlich möglichst früh erkannt wird. Sicherlich muss man nicht bei jedem Tränen der Augen mit Psittakose rechnen. Wenn Tiere dabei jedoch apathisch und krank wirken, sollte man den Tierarztbesuch nicht lange aufschieben.

Schnupfen

Ein Niesen von Zeit zu Zeit ist meist noch kein Alarmzeichen, aber die Absonderung von Nasenschleim sollte auf jeden Fall auch tierärztlich untersucht werden. Auch dies kann ein Symptom für Psittakose sein. Selbst wenn es sich nur um einen „normalen“ Schnupfen handelt, weiß der Tierarzt, was zu tun ist.

Tumore

Ein Tumor muss nicht unbedingt Krebs bedeuten, sondern kann auch eine harmlose Wucherung oder ein Lipom (Fettgeschwulst) sein. Es gibt Vögel, die damit uralt werden. Auch dies kann jedoch nur der Tierarzt abklären und falls erforderlich eine entsprechende Therapie oder Operation vorschlagen.

Abgeschlagenheit/Apathie

Wenn ein Vogel nur apathisch herumsitzt und keine Kraft zu haben scheint, können allerlei Krankheiten dahinterstecken, angefangen von Psittakose über bakterielle Infektionen, Mangelerscheinungen oder auch Megabakterien. Auch hier ist der Gang zum Tierarzt ein Muss.

Legenot

Wenn Hennen ein Ei nicht ausscheiden können, spricht man von Legenot. Die Tiere sitzen meist aufgeplustert und apathisch auf dem Boden, die Kloakenregion ist angeschwollen, manchmal hängt sogar ein Teil vom Legedarm nach außen (Legedarmvorfall). In den seltensten Fällen bringen bei Legenot Hausmittel wie Massagen oder Rotlichtbestrahlung tatsächlich eine dauerhafte Besserung. Auch hier ist wieder der Tierarzt gefragt, da gerade Legedarmvorfälle leicht tödlich ausgehen können (siehe auch „Komplikationen bei Zucht“).

Parasiten

Nicht selten sind Wellensittiche von Grab- oder Räudemilben befallen. Diese sitzen im Schnabelhorn oder in den Füßen. Der Befall ist durch helle Borken zu erkennen. Mit der Zeit wird der Schnabel porös und sieht schwammähnlich aus. Auch hier ist von Hausmitteln, wie Öl auf die betroffenen Stellen zu träufeln, abzuraten. Dies ist meist nur eine Quälerei für die Vögel und dabei nicht effektiv. Eine Behandlung vom Tierarzt mit speziell verdünntem Ivermectin, einer Lösung, von der ein Tropfen in den Nacken geträufelt wird, bringt Erfolg. Es muss allerdings nach einer Woche ein zweites Mal behandelt werden.

Diese Methode hilft auch bei manch anderen Parasiten. Bei vielen muss aber auch die gesamte Umgebung mit behandelt werden wie zum Beispiel bei der Roten Vogelmilbe, da diese nicht dauerhaft auf den Vögeln lebt, sondern sich tagsüber in Volierenritzen verkriecht (gern Holz), und die Sittiche nur bei Nacht befällt. Wer eine verstärkte Unruhe seiner Tiere in der Nacht beobachtet, sollte in Erwägung ziehen, dass Ursache ein Befall durch die Rote Vogelmilbe ist.

Auch für ein übermäßig häufiges Putzen der Tiere können Parasiten der Grund sein.

Ein übermäßiges Putzen kann eventuell ein Anzeichen für Parasitenbefall sein.

Gehirnerschütterung

Wenn ein Vogel irgendwo dagegen fliegt, ist er manchmal hinterher noch sehr benommen, taumelt oder erbricht. Solche Vögel sollte man nicht allzu sehr bewegen; eine Fahrt zum Tierarzt kann hier sogar kontraproduktiv sein. Am besten setzt man das Tier in einen möglichst kleinen Käfig, damit es sich wenig bewegen kann. Nicht mit Wärme oder Rotlicht bestrahlen! Wenn der Vogel so isoliert und ruhig gestellt wurde, kann man sich per Telefon weitere Ratschläge vom vogelkundigen Tierarzt einholen, der im Einzelfall entscheiden wird, welche Maßnahme angezeigt ist.

Mauser

Hierbei handelt es sich nicht um eine Krankheit, sondern um den natürlichen **Gefiederwechsel** der Vögel. Bei Wellensittichen passiert dieser allmählich, sodass die Tiere normalerweise dabei immer flugfähig bleiben. Dies bedeutet aber auch, dass sich die Mauser bei Wellensittichen über eine längere Zeit hinzieht, bis das gesamte Federkleid ausgewechselt ist. Wenn Wellensittiche in der Mauser stecken, ist eine besonders mineralstoffreiche Ernährung hilfreich. Hervorzuheben sind hier insbesondere Salatgurke und Keimfutter.

Keine Krankheit ist auch die sogenannte **Schockmauser**, bei der die Tiere durch einen Schreck auf einen Schlag sehr viele Federn verlieren, in der Regel Schwanzfedern und Handschwingen. Dies ist ein Schutzmechanismus, ähnlich wie bei

Eidechsen, die ihren Schwanz abwerfen können. Für den Halter ist dies meistens auch ein Schock, die Federn wachsen aber normalerweise ganz regulär schnell wieder nach. Ist dies nicht der Fall, muss man an eine Gefiederstörung denken. Eine Schockmauser kommt äußerst selten vor.

Davon zu unterscheiden ist die sogenannte **Stockmauser**. Hier gerät der Mauservorgang ins Stocken. Die Federn können sich oft nicht aus den Federhülsen befreien, sodass das „Igelstadium", in dem der Wellensittich durch in den Federscheiden noch feststeckende Federn wie stachelig aussieht, über Wochen anhält. Auch kahle Stellen können zu beobachten sein. Bei einer Stockmauser sollte ein Tierarzt konsultiert werden. Oft hilft eine Veränderung der Haltungsbedingungen (Ernährung, UV-Licht), manchmal steckt jedoch auch eine Erkrankung dahinter.

Gefiederstörungen

Wenn Vögel auch außerhalb der Mauser ein schlechtes Gefieder haben oder gar große Partien ihres Federkleides verlieren, zum Beispiel ihre kompletten Schwungfedern und Schwanzfedern, kann auch eine Gefiederstörung dahinterstecken, die durch ein Virus verursacht ist. Dazu gehören PBFD = Psittacine Beak and Feather Disease (Schnabel- und Federkrankheit der Papageien) und das Polyomavirus, auch französische Mauser genannt. Diese Krankheiten sind nicht heilbar, es gibt jedoch Möglichkeiten, den Vögeln dennoch ein gutes Leben zu bieten. Ein Problem ist, dass diese Viruserkrankungen hoch ansteckend sind. Das heißt, erkrankte Tiere sollten nicht in Schwärme mit gesunden Tieren integriert werden. Auch eine Zucht ist mit ihnen natürlich nicht sinnvoll. Die Jungvögel sind immer auch krank, überleben oft das erste Jahr nicht und sind zumeist spätestens nach der ersten Mauser flugunfähig. Es gibt auch Fälle, in denen Vögel ihr gesamtes Gefieder verlieren.
Das Gefährliche an diesen Viruserkrankungen ist, dass sie auch übertragen werden können, wenn man dem betroffenen Tier die Krankheit gar nicht ansieht.
Schlechtes Gefieder wie abgestoßene Federn oder verstrubbelte Gefiederpartien kommt aber auch bei Vögeln vor, die viel am Gitter hängen oder wenn die Sitzstangen nah am Gitter angebracht sind. Solche Gefiederschäden sind natürlich nicht krankhaft und sollten nach der nächsten Mauser wieder behoben sein.

Hygiene und Prophylaxe

Um Krankheiten zu vermeiden, ist eine gesunde Vogelhaltung wichtig. Dazu gehören die oben beschriebenen Haltungshinweise zur Ernährung, Unterbringung und Beschäftigung der Wellensittiche. Außerdem ist natürlich **Hygiene** unerlässlich. Die Haltungseinrichtung ist regelmäßig zu reinigen und neu einzustreuen, auch Sitzstangen sind von Kot zu befreien und von Zeit zu Zeit zu ersetzen.
Man sollte Naturäste in unterschiedlichen Stärken verwenden, um zu verhindern, dass durch ein ständig gleiches Sitzen Sohlenballengeschwüre entstehen.

Futter- und Wassergefäße sind sauber zu halten. Besonders in Wassernäpfen halten und vermehren sich gern Bakterien. Das Wasser ist daher täglich zu wechseln, die Näpfe sind heiß auszuwaschen und sollten am besten über Nacht völlig austrocknen. Es bietet sich daher an, eine doppelte Garnitur an Wassernäpfen im Einsatz zu haben, sodass ein Napf in Gebrauch ist, während der andere nach dem Auswaschen zum Trocknen stehen gelassen wird. Am anderen Tag wird dann getauscht.
Wichtig ist auch, dass man einen kleinen **Transportkäfig** besitzt, in den ein kranker Vogel gesetzt werden kann, sodass man ihn isolieren, ruhig stellen und zum Tierarzt transportieren kann.
Ein Problem stellt manchmal das Herausfangen der Vögel und das Umsetzen in die Transportbox dar. Hier kann ein Kescher gute Dienste leisten, zumindest in Vogelzimmern und größeren Volieren. In kleinen Käfigen fängt man die Tiere am besten mit der Hand heraus. Leicht geht dies, wenn man das Zimmer abdunkelt, da der Wellensittich dann normalerweise nicht davonfliegt und einfach mit der Hand gegriffen werden kann.

Um Bisse zu vermeiden, wenn man einen Wellensittich in die Hand nimmt, ist ein sogenannter **Fixiergriff** erforderlich. Bei diesem Griff wird der Kopf des kleinen Sittichs zwischen Daumen und Zeigefinger fixiert, während die drei weiteren Finger den Körper des Vogels festhalten. Manche Halter klemmen auch den Kopf zwischen Zeige- und Mittelfinger und halten den Körper mit Daumen, Ring- und kleinem Finger. Es gibt noch weitere Haltemöglichkeiten für Wellensittiche, hier muss jeder selbst herausfinden, welche ihm am besten liegt.

Jungvögel kann man auch ohne Fixiergriff locker in die Hand nehmen.

Da inzwischen sehr viele ansteckende Krankheiten mit chronischem Verlauf bei Wellensittichen weit verbreitet sind (Megabakterien, PBFD), sollten neu zugekaufte Vögel, bevor man sie in den eigenen, gesunden Schwarm integriert, zunächst einer Eingangsuntersuchung beim vogelkundigen Tierarzt unterzogen werden. Bis das Ergebnis der Untersuchungen vorliegt, sollten neue Vögel in Quarantäne untergebracht werden.

Da eine solche Eingangsuntersuchung, wenn sie gründlich gemacht wird, nicht ganz günstig ist, unterbleibt sie bei Wellensittichen oft. Dadurch steigt jedoch das Risiko, sich Krankheiten in den Bestand zu holen.

Die Zucht

In diesem Kapitel erfahren Sie alles Wissenswerte über die Wellensittich-Zucht, von der richtigen Verpaarung über die Wahl der geeigneten Nistmöglichkeiten bis zur Aufzucht und schließlich Abgabe der Küken.

Unterscheidung der Geschlechter

Wellensittiche weisen einen Geschlechtsdimorphismus auf, das heißt, es gelingt relativ leicht, die Geschlechter anhand von optischen Merkmalen zu unterscheiden. Die Wachshaut, das heißt der ovale Abschnitt über dem Schnabel, in dem auch die Nasenlöcher sitzen, ist je nach Geschlecht unterschiedlich gefärbt. Erwachsene männliche Wellensittiche (Hähne) haben eine kräftig blaue Wachshaut, weibliche Tiere (Hennen) haben eine zartblaue, weißliche oder beige-bräunliche Wachshaut. Wenn die Henne in Brutstimmung ist, wird die Wachshaut kräftig braun.
Diese Färbungen gelten jedoch nicht für alle Farbschläge. Bei rezessiven Schecken, Albinos und Lutinos beispielsweise haben die Hähne eine dunkelrosa Wachshaut, die Hennen eine hellrosa-beige bis braune Wachshaut (Näheres dazu siehe Seite 87ff.).
Wellensittichküken haben eine rosa Wachshaut. Die Geschlechter lassen sich allerdings meist schon relativ früh unterscheiden. Bei manchen Vögeln ist bereits im Nistkasten, etwa ab einem Alter von vier bis sechs Wochen, das Geschlecht deutlich erkennbar. Manchmal dauert es länger, bis sich eine eindeutige Färbung

Ein Paar, das sich gefunden hat!

BEZEICHNUNG

In der „Sprache" der Züchter werden Hähne als 1,0 und Hennen als 0,1 bezeichnet. Das heißt, wenn in einer Anzeige steht, 2,0 Wellensittiche zu verkaufen, handelt es sich um zwei Hähne. Heißt es 2,3, so sind es zwei Hähne und drei Hennen. Steht das Geschlecht nicht fest, schreibt man 0,0,1 (kein Hahn, keine Henne, ein Tier unbekannten Geschlechts). Was heißt also 4,2,5? Richtig, es sind vier Hähne, zwei Hennen und fünf Vögel unbekannten Geschlechts. Dies sind so Kleinigkeiten, die man als Züchter wissen sollte, wenn man sich nicht blamieren möchte.

zeigt, oder es findet sogar eine Umfärbung statt. Wenn sich die Nasenhaut unklar zeigt, handelt es sich jedoch in den meisten Fällen um Hennen. Diese haben als Küken oft eine eher schmutzig-rosa Nasenhaut, nicht selten ab einem gewissen Alter mit weißlichen Ringen um die Nasenlöcher, während die Hähne oft von klein auf eine deutlich klar rosa- bis pinkfarbene Nasenhaut aufweisen. Ausnahmen bestätigen hier allerdings die Regel.
Spätestens zum Zeitpunkt der Jugendmauser (erste Mauser) im Alter von drei bis fünf Monaten lässt sich das Geschlecht in den allermeisten Fällen eindeutig an der Nasenhaut ablesen.

Zuchtvorbereitungen

Wellensittiche lassen sich relativ einfach in Brutstimmung bringen. Ein wichtiger Schritt ist das Aufhängen der **Nistkästen**. Dies kann schon viel bewirken, zumindest wenn man mehrere Wellensittichpaare in Hörweite hält. Für Wellensittiche ist das Gezwitscher anderer Wellis wichtig, um in Stimmung für die Fortpflanzung zu kommen. Einzelpaare kommen wesentlich schwieriger in Brutstimmung. Das schließt aber nicht aus, dass es auch mit einem Paar gelingen kann.

Ein weiteres brutstimulierendes Element ist das Anbieten von **Aufzuchtfutter**, das heißt, von weichem Futter, welches geeignet ist, schnell an Küken verfüttert zu werden. Dies kann zum Beispiel Eifutter sein, aber auch Keimfutter, also angekeimtes Getreide, oder halbreife Saaten wie halbreife Kolbenhirse oder junger Zuckermais. Eifutter ist zudem auch noch proteinhaltig, was für die Kükenaufzucht wichtig ist. Keimfutter enthält eine ganze Reihe wichtiger Vitamine und Mineralstoffe, da beim Keimvorgang ein explosionsartiger Anstieg der Nährstoffe zu verzeichnen ist. Es ist daher auch eiweißreicher als trockenes Körnerfutter.

Brutstimulierend sind auch die **Tageslichtlänge** und die **Temperatur**. Wenn es lange hell und schön warm ist, kommen die Vögel eher in Brutlaune als bei

Dunkelheit und Kälte. Helligkeit und Wärme kann man heute künstlich erzeugen durch Vogellampen und diverse Heizungen.

Körnerfutter ist die Hauptnahrung für Wellensittiche. Für die Zucht sollte aber auch weiches Futter angeboten werden.

Die Tatsache, dass man leicht gute Brutbedingungen herstellen kann, sollte man aber nicht dazu ausnutzen, die Tiere übermäßig oft oder lange in Brutstimmung zu versetzen. Mehr als zwei Bruten hintereinander sollte man den Tieren nicht zumuten. Im Anschluss sollte man ihnen eine Pause von mindestens einem halben Jahr gönnen, damit sie sich vom Brutgeschehen wieder erholen können. Denn besonders für die Hennen sind das Brutgeschäft und die Kükenaufzucht zehrend. Nach zwei Bruten kommen die Hennen oft recht schlank und meist mit einem kahlen Fleck auf der Brust (Brutfleck) aus dem Kasten. Sie haben dann wirklich eine Pause verdient!

Körperliche Verfassung

Wichtig ist somit auch, dass die Wellensittiche vor Beginn der Brutsaison in guter körperlicher Verfassung sind. Bevor sie in Brutstimmung versetzt werden, sollte man sich daher darum kümmern, dass sie in einem guten Zustand sind. Man nennt dies „gute Zuchtkondition“. Dazu gehört, dass sie nicht während der Mauser oder wenn gesundheitliche Probleme bestehen, in Brutstimmung versetzt werden.

Die Wellensittiche sollten das gesamte Jahr qualitativ hochwertig ernährt werden (siehe Kapitel „Die richtige Ernährung“). Etwa drei Wochen vor Beginn der Zuchtsaison gibt es dann bei mir nur noch Körnerfutter, um den Sittichen eine „Wüstenzeit“ vorzugaukeln, also eine Zeit, die für eine Brut nicht geeignet ist. Das Körnerfutter überstreue ich mit einem Multivitaminpräparat, um die optimale Versorgung der Vögel auch während dieser Zeit zu gewährleisten. Wenn ich nach diesen drei Wochen das Nahrungsangebot mit Frischfutter anreichere und Nistkästen aufhänge, kann ich mit einem schnellen Eintritt der Brutstimmung rechnen.

Mit dem Anbieten des Weichfutters setze ich das Multivitaminpräparat ab, da dann die Vitalstoffversorgung durch die Ernährung verbessert und sichergestellt wird. Ich gebe aber weiterhin ein zusätzliches Kalziumpräparat, um für die Eierschalenbildung den Kalziumhaushalt der Hennen nochmals auf ein hohes Niveau zu bringen und einer Legenot vorzubeugen. Dies setze ich in der Regel dem Trinkwasser zu. Es gibt Präparate, die neben Kalzium noch Vitamin D3 enthalten, was für meine Tiere wichtig ist, da sie in einer reinen Innenvoliere leben. Bei Tieren, die direktes Sonnenlicht genießen können, also natürliches ultraviolettes Licht zur Verfügung haben (Glasscheiben lassen kein ultraviolettes Licht durch), erübrigt sich die Vitamin-D3-Gabe, da durch das Sonnenlicht Vitamin D3 im Körper gebildet wird.

Vitamin D3 ist zur Aufnahme von Kalzium unentbehrlich. Deshalb kann es sein, dass Tiere, die genug Kalzium über die Ernährung zugeführt bekommen, dennoch einen Kalziummangel haben, wenn sie einen Mangel an Vitamin D3 haben (siehe auch „Nahrungsergänzung“). Eine solche zusätzliche Kalziumversorgung biete ich im Übrigen auch während der Mauser an.

So vorbereitet sind die Vögel normalerweise in einer ausgezeichneten Verfassung für die Fortpflanzung. Tiere ohne eine entsprechende Vorbereitung sollte man nicht zur Brut schreiten lassen, da Komplikationen vorprogrammiert sind, zum Beispiel in Form von einer Legenot der Hennen, aber auch Rachitis oder sonstigen Mangelerscheinungen beim Nachwuchs oder schlechtes Füttern durch die Eltern.

Gewöhnung an Aufzuchtfutter

Es ist wichtig, die Wellensittiche schon vor Beginn der Brut an das Aufzuchtfutter zu gewöhnen, sodass sie es dann tatsächlich auch annehmen, wenn die Küken da sind. Rein theoretisch brauchen Wellensittiche kein Aufzuchtfutter, sie könnten die Küken auch allein mit Körnerfutter aufziehen, welches dann entsprechend lange im Kropf eingeweicht wird, bis es die erforderliche Konsistenz hat. Dies ist aber für die Tiere wesentlich anstrengender, als wenn Weichfutter aufgenommen und relativ gleichzeitig verfüttert werden kann. So ist auch die Chance größer, dass alle Küken, die schlüpfen, tatsächlich groß werden – „auf die Stange kommen“, wie der Züchter sagt. Ich gewöhne meine Tiere daher von klein auf sowohl an Eifutter als auch an Keimfutter.

Um keinen Bruttrieb zur ungünstigen Zeit auszulösen, biete ich solches Weichfutter normalerweise jedoch nur alle zwei Wochen an und während der beschriebenen „Wüstenzeit“ gar nicht. So ist aber jedenfalls gewährleistet, dass die Tiere es kennen und dann bei Bedarf gern zugreifen.

Ansonsten ist halbreife Kolbenhirse ein Aufzuchtfutter, welches auch ohne Gewöhnung normalerweise von den Vögeln sofort aufgenommen und zum Verfüttern genutzt wird. Allerdings ist halbreife Kolbenhirse nur in den Monaten August und September erhältlich. Sie lässt sich aber problemlos einfrieren. Ich bestelle daher immer mehrere Kilogramm, je nachdem wie viele Bruten ich plane, und friere sie in Portionsbeuteln ein. Zum Verfüttern nehme ich einen Beutel aus der Gefriertruhe, entnehme die Kolben und lege sie zwei Stunden zum Auftauen auf ein Küchentuch. Alternativ gebe ich die Kolben für wenige Minuten in warmes Wasser.

Eifutter aus dem Handel

Im Handel werden schon fertige trockene Eifutter angeboten. Sie müssen im Grunde nur leicht angefeuchtet werden, um sie zu verfüttern. Zum Anfeuchten kann man auch geriebene Möhre verwenden. Manche Züchter geben gehackte Kräuter oder Honig hinzu. Die Zugabe von Honig lehne ich aber ab, da ich der Meinung bin, dass ein hoher Zuckergehalt nicht zuträglich für die Vögel ist. Meist ist in dem handelsüblichen trockenen Eifutter ohnehin schon ein gewisser Zuckeranteil vorhanden, was völlig ausreicht.
Es gibt auch bereits fertig angefeuchtetes Eifutter zu kaufen. Dies kann direkt aus dem Eimer verfüttert werden. Es sollte jedoch, wenn es angebrochen ist, im Kühlschrank aufbewahrt werden.

Eifutter frisch selbst zubereitet

Wer kein Fertigprodukt verwenden möchte, kann Eifutter auf folgende Art und Weise aus frischen Zutaten selbst herstellen:
Ein hart gekochtes Ei schälen und mit einer Gabel fein zerdrücken. Danach die Eierschale in einem Mörser pulverisieren und dem Eifutter wieder zugeben. Dies trägt zu einer Kalziumversorgung der Henne und der Küken bei.
Dem fein zerdrückten Ei werden dann noch feine Krümel möglichst salz- und zuckerfreien Zwiebacks zugegeben. Den Zwieback ganz fein zerbröseln, indem man zwei Stücke aneinander reibt, sodass winzige Krümelchen entstehen. Dies nun in die Eiermasse heben, bis eine leicht krümelige, beinahe trockene Konsistenz entsteht. Auch hier können dann noch geriebene Möhren oder fein gehackte Kräuter wie Löwenzahn zugegeben werden.

Keimfutter selbst hergestellt

Die Körner zum Keimen kaufe ich entweder als fertige Mischung für Wellensittiche oder für Großsittiche. Besonders gern werden von meinen Wellensittichen gekeimte Weizen- oder Dinkelkörner genommen, deshalb kaufe ich keimfähigen Weizen oder Dinkel in Lebensmittelqualität im Reformhaus oder Bioladen. Die Körner werden zunächst für sechs bis acht Stunden eingeweicht. Eine längere Einweichzeit ist nicht sinnvoll, da es dann dazu führen kann, dass die Körner „ertrinken“ und nachher verderben anstatt zu keimen.
Nach der Einweichzeit werden die Körner in ein flaches Sieb geschüttet, wo sie möglichst nicht übereinander liegen sollten, sondern sich flach verteilen können, oder in eine handelsübliche Keimbox. Sie werden abgedeckt und alle paar Stunden kräftig mit kaltem Wasser abgespült. Sie können direkt in diesem Stadium bereits als Quellfutter verfüttert werden oder in jedem weiteren Stadium.
Meine Vögel fressen sie am liebsten, wenn der Keim gerade eben oder bis zu einem Millimeter Größe zu sehen ist. In diesem Stadium ist das Keimfutter auch am nährstoffreichsten, da der Umbauprozess im Korn schon stattgefunden hat, mit dem Wachsen dann aber die Nährstoffe von der Pflanze selbst aufgebraucht werden.
Das feuchte Keimfutter kann mit Eifutter gemischt werden, sodass auf diesem Wege das trockene Eifutter befeuchtet wird. Es kann entweder pur oder mit ver-

Mit der Gewöhnung an weiches Aufzuchtfutter wie hier Keimfutter kann man die Tiere in Brutstimmung bringen.

schiedenen anderen Futterbestandteilen gemischt gegeben werden. Wenn Vögel kein Keimfutter gewohnt sind und es nicht annehmen, empfiehlt es sich, es mit anderen beliebten Futterbestandteilen zu mischen wie zum Beispiel mit geriebener Möhre oder Ähnlichem. So werden die Vögel bald auf den Geschmack kommen.

Keimfutter ist für die Kükenaufzucht ein wunderbares, da sehr nährstoffreiches Futter. Wichtig ist es jedoch, beim Keimvorgang immer wieder gründlich zu spülen, damit keine Verunreinigung durch Fremdkeime oder Bakterien geschieht. Ein anderes Risiko beim Verfüttern von Keimfutter, besonders beim Verfüttern von gekeimtem Weizen, ist, dass sich Reste des Futterbreis im Oberschnabel der Küken absetzen und dort zu einer harten Masse festtrocknen. Dies kann das Schnabelwachstum behindern und damit zu einer Schnabeldeformation führen, da der Unterschnabel dann über den Oberschnabel wachsen kann und es zu einem Unterbiss kommt. Dies würde den Vogel lebenslang beeinträchtigen, da bei einem Unterbiss der Unterschnabel aufgrund des fehlenden Widerstandes durch den Oberschnabel stetig wächst und alle paar Wochen fachgerecht gekürzt werden muss. Es ist daher wichtig, jeden Tag die Schnäbelchen der Küken zu kontrollieren und bei Bedarf mit einem Zahnstocher Futterreste herauszukratzen, um diese Komplikation zu verhindern. Dies kann man gleich mit einer Kontrolle der Zehen verbinden (siehe Kapitel „Mögliche Komplikationen“).

Die Nistkästen

Im Handel sind viele verschiedene Modelle von Nistkästen für Wellensittiche erhältlich. Es gibt sie aus Sperrholz, aus Naturholz, als Naturstamm oder aus Kunststoff. Welchem ist aber der Vorzug zu geben?

Welches Material?

Nistkästen aus Holz haben den Vorteil, dass sie von den Hennen benagt werden können, was den Bruttrieb fördert. Manche Züchter verschließen anfangs sogar noch das Eingangsloch zum Beispiel mit einem Karton, welcher nur ein kleines Löchlein hat, sodass die Henne das Loch erst vergrößern muss.

Meiner Erfahrung nach ist eine solche Vorgehensweise bei Wellensittichen nicht unbedingt erforderlich, da sie in der Regel auch ohne solche Tricks recht schnell zur Brut schreiten. Ein Holznistkasten hat weiterhin den Vorteil, dass es sich um ein natürliches Material handelt. Damit die Küken sich im Ei gut entwickeln und nachher problemlos schlüpfen können, ist eine bestimmte Luftfeuchtigkeit erforderlich. Wenn die Luftfeuchtigkeit in der Zuchtvoliere zu gering ist, sorgt die Henne selbst dafür, diese im Nistkasten zu erhöhen, indem sie ihre Federn im Trink- oder Badewasser befeuchtet und mit nassem Federkleid in den Nistkasten zurückkehrt. Eine zu hohe Luftfeuchtigkeit kann sie dagegen schlechter ausgleichen und das kann für die Brut schädlich sein.

Sicherlich ist Holz vom Kleinklima im Nistkasten her das bessere und von der Henne besser einschätzbare Material als Kunststoff. Ich hatte bisher jedoch noch keine Probleme mit einem schlechten Kleinklima auch im Kunststoffnistkasten.

Ein Vorteil von Kunststoffnistkästen ist die bessere Hygiene. Sie können besser gereinigt und desinfiziert werden. Besonders schnell geht dies bei Kunststoffnistkästen mit austauschbaren Nistmulden. Wenn man eine Ersatznistmulde hat, so kann man die Küken rasch in diese umlegen und in den Nistkasten zurückschieben. Dann kann man die verschmutzte Mulde hinterher in Ruhe reinigen und wieder als Ersatznistmulde für den nächsten Nistkasten verwenden.

Es gibt auch Holznistkästen mit solchen einschiebbaren Nistmulden, die dann die Vorteile des benagbaren Holzes mit dem leicht zu reinigenden Kunststoff ein bisschen verei-

Ein Nistkasten aus Holz wird gern angenommen. Das Einflugloch sollte nicht zu groß sein.

Manche Vögel neigen dazu, ihren Nistkasten zu verschmutzen. Dann bieten sich Kunststoffnistkästen an.

nen. Normalerweise muss man sonst bei Holznistkästen die Jungen entnehmen, den Kasten reinigen und kann die Jungen erst dann wieder in den Kasten zurückgeben. Wer lauter gleiche Holznistkästen benutzt, kann natürlich auch hier mit der Austauschmethode arbeiten. Jedoch ist eine Kunststoffnistmulde wesentlich besser und einfacher zu reinigen und im Bedarfsfall zu desinfizieren als ein verschmutzter Holznistkasten oder gar Naturstammnistkasten. Auch können sich Ungeziefer und Parasiten nicht so leicht einnisten.
Die Kunststoffnistkästen bieten zudem einen Vorteil für die Zucht in Außenvolieren, da sie besser warm halten. Durch den Luftraum zwischen Nistmulde und Nistkasten wird hier zusätzlich isoliert. Die Nistmulden werden daher auch als „Thermo-Nistmulden" bezeichnet. Wer in Außenvolieren züchtet, tut dies zwar meist ohnehin in der warmen Jahreszeit, aber auch da kann es kalte Tage oder Nächte geben, bei denen die Hennen für diese Isolierung möglicherweise dankbar sind.

Ansonsten ist aber der Zuchterfolg letztendlich nicht vom Material des Nistkastens abhängig. Wellensittiche brüten sowohl in dem einen als auch in dem anderen. Es ist letztlich eine Geschmacksfrage des Züchters. Wobei man sagen muss, dass es Wellensittiche gibt, die ihren Kasten während der Brut sehr sauber halten, und andere, bei denen man ihn alle zwei Tage reinigen könnte. Also wie bei den Menschen auch sind nicht alle Wellensittiche gleich reinlich.
Etwas Schmutz im Nistkasten macht den Küken nicht gleich etwas aus, man muss jedoch ein Augenmerk auf die Füße haben. Die kleinen Zehen können leicht mit Kot so verkleben, dass sie abknicken können, die Kralle kann abreißen und es kann so leicht zu Fuß- oder Krallendeformationen kommen, die die Vögel aber im Allgemeinen nicht besonders beeinträchtigen.

Bei Vögeln, die dazu neigen, den Nistkasten verschmutzen zu lassen, sollte man Kunststoffnistkästen den Vorzug geben. Normalerweise reicht eine Reinigung der Kunststoffmulden mit heißem Wasser und einer milden Seife völlig aus. Erst nach Abschluss der Brut desinfiziere ich die Nistkästen komplett und stelle sie bis zur nächsten Brut in einen kalten, trockenen Raum. Holznistkästen verwende ich nur eine Saison lang; sie werden bei mir nach Gebrauch im Holzofen verbrannt.

Die Größe

Wellensittichnistkästen werden meist im Querformat in den Maßen 24 bis 26 cm Länge, 16 bis 18 cm Breite und 20 bis 22 cm Höhe angeboten. Naturstamm-Nistkästen sind meistens hochformatig. Meiner Erfahrung nach ist die Größe nicht so wichtig. Es ist nicht so, dass nur im größeren Nistkasten die Familie gut Platz hat. Meistens „kuscheln" sich die Jungen, wenn sie größer sind und von der Henne nicht mehr gehudert werden, zusammen oder an die Wand. Sie nutzen es also nicht wirklich aus, wenn sie mehr Platz haben.

Worauf ich jedoch immer Wert lege, ist, dass das Ausflugloch möglichst weit oben angebracht ist, sodass die Küken nicht zu früh aus dem Kasten ausfliegen. Denn je früher sie den Kasten verlassen, desto weniger gut können sie fliegen und desto größer ist die Gefahr, dass sie sich verletzen oder gar das Genick brechen. Dadurch ergibt sich wiederum der Vorteil von hochformatigen Nistkästen, da hier das Ausflugloch nochmal höher angebracht sein kann als bei Kästen im Querformat.

Bei hochformatigen Kästen besteht jedoch die Gefahr, dass die Eltern beim Einsteigen auf die Eier oder auf die Küken springen und diese beschädigen bzw. verletzen. Beim querformatigen Nistkasten sind die Eier nicht auf derselben Seite wie das Einflugloch. Hier haben auch beide Eltern besser Platz im Kasten. Oft hält sich zwar nur die Henne im Nistkasten auf, aber bei manchen Paaren darf auch der Hahn, meist direkt vor dem Einflugloch, mit im Nistkasten sitzen. Spätestens wenn die Küken größer geworden sind und die Henne nicht mehr hudert, füttert der Hahn ohnehin direkt die Jungen. Manchmal sitzt er dazu auf der Sitzstange vor dem Einflugloch und füttert durch das Einflugloch. Auch dies ist bei hochformatigen Nistkästen nicht so einfach zu bewerkstelligen.

Das Füttern durch das Einflugloch erfordert bei hochformatigen Nistkästen eine gewisse Geschicklichkeit.

Da aber offenbar unterschiedliche Vorlieben in punkto Nistkästen bestehen, macht es Sinn, in größeren Zuchtvolieren zwei oder mehr verschiedene Modelle anzubieten und das Paar selbst entscheiden zu lassen. Bei der Zucht in kleineren Zuchtkäfigen nehmen wir den Tieren die Entscheidung ab. Ich habe es dabei noch nie erlebt, dass bei Vorhandensein nur eines Nistkastens dieser abgelehnt worden wäre, wenn die Vögel in Brutstimmung gekommen sind.
Wichtig ist bei der Auswahl, wie schon erwähnt, dass das Einflugloch nicht zu tief positioniert ist, dass eine Sitzstange vor dem Einflugloch angebracht ist, und – ein letzter Punkt, den ich bisher nicht erwähnt habe, der jedoch am allerwichtigsten ist – dass eine Nistmulde existiert.
Gerade bei Wellensittichen, die meistens kein Einstreumaterial dulden, sondern im „nackten“ Nistkasten brüten, ist die Nistmulde besonders wichtig. Sie dient einerseits dazu, dass die Eier nicht auseinanderrollen und so vielleicht nicht gleichmäßig gewärmt werden. Zudem kommt es ohne Nistmulde oft zu Spreizbeinen bei den Küken, da die Mutter mit ihrem ganzen Gewicht zu fest auf dem Nachwuchs sitzt und so die Beine zu stark auseinanderdrücken kann. Es ist daher unbedingt darauf zu achten, dass die verwendeten Nistkästen eine Nistmulde besitzen.

Nistkästen Marke Eigenbau

Nistkästen lassen sich mit etwas handwerklichem Geschick auch selbst anfertigen. Hier empfehle ich die Maße 26 x 18 x 22 cm (L x B x H). Das Einflugloch sollte einen Durchmesser von 4,5 cm haben. Die Nistmulde sollte mit einem

Die Küken kuscheln sich gern aneinander. Hier erkennt man gut die Größenunterschiede der Geschwister.

Durchmesser von 10 cm ausgefräst werden und an der tiefsten Stelle in der Mitte etwa 1 bis 2 cm tiefer liegen als der Rest des Nistkastens. Die Stärke der verwendeten Bretter sollte 0,5 bis 1 cm betragen. Der Boden muss natürlich durch die Nistmulde entsprechend stärker sein und kann ruhig 3 cm dick sein.
Dass unbehandeltes Holz zu verwenden ist, versteht sich von selbst. Die Bretter können genagelt oder verschraubt werden. Man muss immer ein bisschen aufpassen, inwieweit die Vögel den Nistkasten benagen, damit, wenn Nägel oder Schrauben freigelegt werden, keine Verletzungsgefahr besteht. Ich bin aber dennoch kein Freund von Leim, da ich denke, dass solche Chemikalien für die Vögel nicht zuträglich sind, auch wenn sie angeblich ungiftig sind.

Das Aufhängen der Nistkästen

Am liebsten werden von den Sittichen Nistkästen angenommen, die möglichst hoch hängen. Im Zuchtkäfig hat man meist wenig Auswahl, da bringt man die Kästen an einem Türchen von außen an. Dies hat den Vorteil, dass man Nistkastenkontrollen einfach von außen vornehmen kann. In größeren Volieren hängt man die Kästen zwar möglichst hoch, aber immer so, dass eine einfache Kontrolle noch stattfinden kann.
Nistmaterial ist in der Regel nicht nötig, da die Wellensittiche in den allermeisten Fällen auf dem blanken Holz brüten. Man kann etwas unbehandelte Hobelspäne (Kleintierstreu) in den Kasten geben. Meistens werden diese von der Henne komplett wieder entfernt. Das Ausräumen des Nistkastens kann jedoch auch zur Steigerung der Brutlust beitragen.

Beringung

Seit die Psittakoseverordnung 2012 abgeschafft wurde, besteht für Wellensittiche keine Ringpflicht mehr, das heißt, theoretisch braucht man Wellensittiche nicht zu beringen. Eine Beringung bietet jedoch Vor- und Nachteile und bevor es losgeht mit der Zucht, sollte man sich Gedanken machen, ob man die Jungtiere beringen möchte, und wenn, mit welchen Ringen: geschlossenen oder offenen.

Wenn man sich nämlich entscheidet, mit **geschlossenen Ringen** zu beringen, sollte man sich rechtzeitig um das Bestellen der Ringe kümmern, da das Aufziehen der geschlossenen Ringe nur bis zu einem gewissen Zeitpunkt bzw. Alter der Küken möglich ist. Danach sind die Füße der Küken zu groß und die Ringe lassen sich nicht mehr drüberstreifen. Beringt man aber zu früh, kann es dagegen passieren, dass die Küken die Ringe wieder verlieren. Günstig ist das Aufziehen von geschlossenen Ringen bei Wellensittichküken in einem Alter von etwa einer Woche.
Vorteil der geschlossenen Beringung ist, dass die Tiere eindeutig zu identifizieren sind, zumindest dann, wenn die geschlossenen Ringe eines Zuchtverbandes verwendet werden. Es kann rückgeschlossen werden, von welchem Züchter die

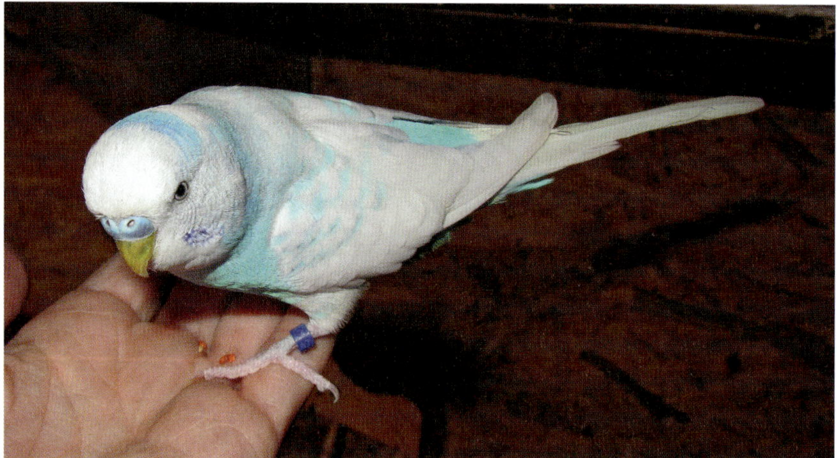

Dieses Männchen der Farbe Opalin Spangle Australischer Schecke wurde beringt, auch wenn keine Ringpflicht mehr besteht.

Küken kommen und in welchem Jahr sie geschlüpft sind, da für jedes Zuchtjahr neue Ringe ausgegeben werden.

Nachteil der Beringung mit geschlossenen Ringen ist eben, dass sie so früh aufgezogen werden müssen. Es gibt Elterntiere, die die Fremdkörper an ihren Küken nicht akzeptieren wollen und versuchen, diese aus dem Kasten zu werfen. Es ist dabei schon vorgekommen, dass die Jungvögel verletzt oder hinausgeworfen wurden. Auch muss man aufpassen, dass sich im Nistkasten nicht zu viel Schmutz in und am Ring ansammelt. Es kann sonst vorkommen, dass sich ganze Schmutzballen am Ring bilden, was zu Verletzungen oder auch zu Entzündungen führen kann.

Das Anlegen der geschlossenen Ringe wird so vorgenommen, dass zuerst die drei vorderen Zehen durch den Ring gezogen werden. Der vierte Zeh wird zum Schluss durchgezogen. Sollte der Ring bereits recht stramm sitzen, kann man mit einem Zahnstocher zwischen den vierten Zeh und das Beinchen fahren und den Zeh so mit dem Zahnstocher durch den Ring ziehen. Eventuell hilft auch ein Tropfen Salatöl. Wer solche Probleme hat, sollte dann aber zukünftig einen Tag früher beringen.

Offene Ringe hingegen kann man bequem anlegen, wenn die Küken bereits ausgeflogen sind. Ich lege sie meist erst dann an, wenn eine Abgabe der Tiere kurz bevorsteht, also kurz bevor sie ins neue Zuhause umziehen. Dann kann es allerdings sein, dass die Vögel selbst von dem plötzlichen Fremdkörper an ihrem Bein irritiert sind und daran herumbeißen.

Ich bin ohnehin kein großer Freund von Ringen, da auch immer eine gewisse Verletzungsgefahr besteht, zum Beispiel durch ein Hängenbleiben. Hin und wieder

kommt es auch vor, dass Ringe einwachsen und entfernt werden müssen. Dafür gibt es spezielle Zangen. Wer keine Erfahrung damit hat, sollte dies bei einem Tierarzt durchführen lassen.
Gerade bei Wellensittichen sind Ringe ja nun auch nicht so furchtbar notwendig, um die Tiere zu identifizieren, da sie sich meist optisch gut unterscheiden lassen, wenn man nicht nur eine ganz bestimmte Farbe (zum Beispiel Wildfarbig grün) züchtet.
Das Anlegen offener Ringe funktioniert am besten mit einer Ringzange. Mit der Spitze der Ringzange biegt man den Ring zunächst auf. Dann legt man ihn in die dafür vorgesehene Aussparung an der Zange. Der Fuß des Vogels wird durch die dortige Öffnung gezogen, danach schließt man den Ring vorsichtig mit der Zange. Sinnvoll ist eine Hilfsperson, die den Vogel festhält, während die zweite Person die Ringzange bedient. Den Umgang mit der Ringzange kann man vorher üben, indem man einen Ring zum Beispiel an einem Zahnstocher oder Ähnlichem anlegt. Man muss darauf achten, dass man den Ring nicht zu weit zusammendrückt, aber auch nicht zu weit offen lässt, sondern dass er exakt abschließt und gut beweglich am Vogelbein sitzt. Manche Züchter verzichten auf die Ringzange und drücken den vorher aufgebogenen Ring am Bein des Vogels mit den Fingern in die richtige Stellung. Auch hier sollte man vorher vielleicht besser „Trockenübungen“ machen, bevor der Ring nachher falsch sitzt und im schlimmsten Fall vom Tierarzt wieder entfernt werden muss.

Geschlossene Ringe erhält man über die Zuchtverbände AZ Vogelzucht und DKV. Man muss dann Mitglied in diesen Vereinen sein. Dies ist unerlässlich, wenn man an Ausstellungen dieser Zuchtverbände teilnehmen möchte. Zudem erhält man als Mitglied die monatliche Zeitschrift der Vereine. Wer seine Tiere offen beringen möchte, muss nicht zwingend Mitglied in einem Verein werden, sondern kann sich offene Ringe über den Zentralverband Zoologischer Fachbetriebe (ZZF) kaufen. Eine weitere Möglichkeit besteht darin, sich Kennringe bei einem Internetversand zu bestellen. Diese gibt es offen oder auch geschlossen und man kann sie beschriften lassen, wie man möchte. Für Privathalter, die unabhängig sein wollen, ist dies eine schöne Alternative. Der Nachteil ist allerdings, dass diese Ringe dann nirgends registriert sind und somit bei entflogenen Vögeln die Herkunft nicht bestimmt werden kann. Hier haben sich Züchter schon so beholfen, dass sie ihre Telefonnummer auf die Ringe eingravieren ließen.

Zuchtbuch führen

Solange die Psittakoseverordnung noch gültig war, war eine Buchführungspflicht vorgeschrieben. Es musste aufgezeichnet werden, an wen die Nachkommen verkauft wurden und von woher man neue Tiere erworben hatte. Die meisten Züchter führen jedoch darüber hinaus ohnehin Buch über ihre Zucht, um eine Übersicht über die Nachkommen zu haben. Besonders wichtig ist dies, wenn man

spezielle Farben züchten möchte. Aber auch sonst ist es sinnvoll festzuhalten, welche Vögel woher abstammen, um Inzucht zu vermeiden.
Für mich ist es aber auch immer wichtig, den Brutverlauf festzuhalten sowie Komplikationen und Besonderheiten zu beschreiben. So kann man lernen und sich als Züchter weiterentwickeln. Man weiß, welche Paare gut als Ammenvögel zu gebrauchen sind und welche nicht. Man weiß, bei wem es bei der letzten Brut Probleme gab, was man also besonders im Auge behalten muss usw. So kann man besser reagieren. Bei den ersten paar Bruten kann man sich zwar meist alles noch ganz gut merken, aber mit der Zeit verliert man die Übersicht. Deshalb ist es gut, Buch zu führen.
Wie man Buch führt, kann variieren. Ich halte den gesamten Brutverlauf schriftlich fest. Jedes Paar bekommt eine Seite in meinem Zuchtbuch (Heft im DIN-A4-Format). Es wird aufgeschrieben, wann ich den Nistkasten aufhänge, wann er angenommen wird, wann die Eier gelegt werden, wann die Küken schlüpfen, wann sie ausfliegen und natürlich auch alle Zwischenfälle und Besonderheiten wie zum Beispiel tote Küken, ein Rupfen durch die Eltern, ob der Nistkasten sauber gehalten wird usw.
Den Legetermin der Eier festzuhalten ist natürlich besonders wichtig, damit man beurteilen kann, ob der Schlupftermin überschritten ist und man eventuell an Schlupfhilfe denken muss. Der Schlupftermin ist wichtig, um beurteilen zu können, ob ausfliegende Küken nochmal in den Nistkasten zurückgesetzt werden. Wenn es Probleme bei einer Brut gibt, kann es sinnvoll sein, die Partner das nächste Mal anders zu verpaaren. Dabei kann sich dann auch herausstellen, ob bestimmte Tiere ganz aus der Zucht genommen werden müssen, zum Beispiel weil sie Eier zerstören oder Küken rupfen, nicht füttern oder Ähnliches.

Für ein Zuchtbuch ist es nicht unbedingt erforderlich, dass die Tiere beringt werden. Ich habe lange Zeit mit Namen gearbeitet; man kann dann auch zusätzlich Fotos der Tiere einkleben. Besonders einfach ist dies, wenn das Zuchtbuch elektronisch am Computer geführt wird. Es gibt dazu spezielle Software, was aber nicht unbedingt erforderlich ist, besonders für reine Hobbyzüchter, die nur wenige Zuchtpaare haben. Auch hier kann man so vorgehen, dass man pro Zuchtpaar eine Seite in einem Textdokument vergibt und dann die entsprechenden Eintragungen macht oder in einem Ordner für jedes Zuchtpaar ein eigenes Textdokument vorsieht.

Verpaarungen

Wie schon geschrieben, sind Wellensittiche nicht unbedingt monogam. Es ist kein Problem, bestehende Paare umzuverpaaren, wenn man bestimmte Farben erzüchten will oder wenn es bei der Zucht Probleme gab und man eine andere Konstellation versuchen möchte. Wenn man einen Hahn und eine Henne zusammensetzt und einen Nistkasten dazu aufhängt, schreiten sie normalerweise auch

Auch zwei Männchen schnäbeln häufig miteinander – hier sieht man links ein Gelbgesicht (EGG1) Dunkelblau und rechts einen violetten Australischen Schecken.

zur Brut. Ich hatte zumindest noch keinen Fall, in dem dies nicht geklappt hat, selbst wenn der frühere Partner in Hörweite war.
Meistens jedoch setze ich die Paare so zusammen, wie sie sich in der großen Voliere vorher schon zusammenfinden. Ab und zu wird allerdings ein bisschen Einfluss genommen, damit sich nicht unbedingt zwei eher kleine Vögel miteinander fortpflanzen.
Es ist auch in der Voliere immer mal wieder zu beobachten, dass Tiere, die scheinbar langjährig einen Partner haben, auch mal mit anderen zusammenkommen und „fremdgehen". Ab und zu hat man aber auch Paare, die sehr aneinander hängen und sich nicht so ohne Weiteres mit anderen „einlassen". Diese reiße ich auch für die Brut nicht auseinander, wenn es nicht unbedingt sein muss. Erfahrungsgemäß sind solche Paare dann auch gute Eltern.

Manchmal machen besonders Hähne den Eindruck, homosexuell zu sein. Sie schnäbeln in der Voliere viel mit anderen Hähnen und kümmern sich wenig um Hennen. Auch diese Tiere haben sich bei mir jedoch problemlos verpaaren lassen, wenn ich sie mit einer Henne gesondert untergebracht habe.
Es ist aber tatsächlich so, dass Tiere, die sich schon in der großen Voliere füreinander interessiert haben, meist schneller zur Brut schreiten als solche, die mehr oder weniger zwangsverpaart wurden.

Es geht los

Was passiert, wenn die Wellensittiche nun paarweise in den Zuchtkäfigen mit Nistkasten sitzen? Wenn man nur ein einziges Paar Wellensittiche besitzt, kann es sein, dass gar nichts passiert und sie einfach nicht in Stimmung kommen. Hat man jedoch mindestens ein zweites Paar in Hörweite, werden sie relativ bald mit dem Balzen beginnen, das heißt, sie werden schnäbeln, der Hahn wird die Henne hin und wieder füttern und er wird sie besteigen.

Es gibt jedoch auch Fälle, bei denen man das „Treten“, wie das Besteigen im Züchterjargon genannt wird, gar nicht beobachten kann und die Eier nachher dennoch befruchtet sind. Manche Tiere lassen sich einfach nicht dabei beobachten. Bei manchen findet der Tretakt auch stets im Nistkasten statt. Wichtig ist, dass man ihnen eine Gelegenheit auch außerhalb des Nistkastens anbietet, wo sie stabil sitzen können, damit eine Befruchtung erfolgen kann. Dies bedeutet, dass eine Sitzstange vorhanden sein muss, die nicht zu stark nachgibt.
Es kann sein, dass die Henne bald beginnt, den Nistkasten zu benagen. Auch wird sie immer mehr Zeit darin verbringen. Normalerweise wird das erste Ei etwa eine Woche nach dem Annehmen des Nistkastens gelegt. Es ist wichtig, jeden Tag einen Blick in den Nistkasten zu werfen, sodass man sieht, wann das erste Ei da ist, und damit sich die Tiere an regelmäßige Kontrollen gewöhnen. Mit einem weichen Bleistift kennzeichnet man das erste Ei vorsichtig mit einer 1. So

Wenn der Hahn die Henne füttert, ist das sozusagen das Vorspiel für die Paarung.

Bei der Paarung ist eine stabile Sitzgelegenheit für die Vögel wichtig.

lässt sich später besser überprüfen, ob unbefruchtete Eier dabei sind. Dies lässt sich etwa eine Woche nach Legedatum des jeweiligen Eies beim Durchleuchten feststellen.

In der Regel legen Wellensittiche alle zwei Tage ein Ei. Somit schlüpfen die Küken dann auch in einem Abstand von zwei Tagen, sodass ein deutlicher Größenunterschied bei den Geschwistern eines Geleges auftritt. Die durchschnittliche Gelegegröße beträgt sechs Eier.

Nistkastenkontrolle

Die Nistkastenkontrolle erfolgt anfangs am besten dann, wenn die Henne gerade nicht im Kasten ist. Wenn sie fest auf den Eiern sitzt und brütet, macht es normalerweise nichts mehr aus, wenn man hineinschaut, solange sie drinnen ist. Oft muss man sie dann mit den Fingern hinausjagen oder wenigstens ein bisschen zur Seite zu schieben, sodass der Blick auf eventuelle Eier oder Küken frei wird.

Mit vorsichtigem Öffnen des Deckels lässt sich eine Nistkastenkontrolle durchführen, ohne das Weibchen zu stören.

Dies geht um so besser, je mehr die Tiere an Menschen gewöhnt sind, was bei einer kleinen Hobbyzucht im Wohnhaus ja meist der Fall ist.
Eine herausgescheuchte Henne kehrt nach der Kontrolle meist problemlos schnell wieder in den Kasten zurück, wenn man sich entfernt hat. Ich halte es so, dass ich, bevor ich den Kasten öffne, jedes Mal in einem bestimmten Rhythmus kurz anklopfe, sodass die Henne bald lernt, dieses Klopfen mit dem Öffnen des Kastens zu verbinden und sie ihn dann meist freiwillig verlässt. Das klappt normalerweise nach kurzer Zeit reibungslos.

Bei anderen Papageienvögeln können Nistkastenkontrollen nahezu unmöglich sein, entweder weil die Tiere sehr aggressiv reagieren oder weil sie ihr Gelege aufgeben oder die Küken töten, die vom Menschen angefasst worden sind. Wellensittiche jedoch sind in der Regel unproblematisch, was Nistkastenkontrollen anbelangt. Ab und zu ist aber doch mal eine Henne dabei, die aggressiv reagiert. In diesem Fall muss man sie kurz zwangsweise rausnehmen und das Loch des Nistkastens mit einem Stück Pappe verschließen, solange man kontrolliert, damit sie nicht gleich in den Kasten zurückgehen kann.
Auf jeden Fall sollte man sich auf lediglich eine Nistkastenkontrolle am Tag beschränken und nicht unnötigerweise den Brutverlauf öfter als notwendig stören.

Schieren

Nach einer Woche bis zehn Tagen kann man das erste Ei durchleuchten, um festzustellen, ob es befruchtet ist oder nicht. Das Durchleuchten der Eier wird in der Fachsprache „Schieren“ genannt. Zum Durchleuchten sollte man das Ei am besten auf seinem Platz im Nistkasten liegen lassen. Eier herauszunehmen und zu drehen kann – zumindest in einem späteren Stadium – riskant sein, da sich dabei die Eischnur verdrehen kann, was im Extremfall bis zum Absterben des Kükens führt.

Das Ei wird von der Henne immer wieder in bestimmten Zeitabständen gedreht, sodass das Küken nicht im Ei festklebt. Und die Henne führt dieses Drehen instinktiv richtig durch. Es ist besser, sich da so wenig wie möglich einzumischen. Daher lasse ich das Ei sowohl beim Beschriften als auch beim Durchleuchten einfach auf seinem Platz liegen.

Am besten lässt sich das Ei mit einer sogenannten Schierlampe durchleuchten. Dies ist eine Lampe, die extra dafür vorgesehen ist. Ganz gut geht es aber auch mit einer kleinen LED-Taschenlampe. Wenn das Ei beim Durchleuchten farblos bis gelb aussieht, ist es entweder nicht befruchtet oder noch nicht so weit, dass man sieht, ob es befruchtet ist. Erscheint das Ei rosa bis rot oder orangefarbig, ist die Chance groß, dass es befruchtet ist. Oft sieht man die Blutgefäße als feine rote Linien durchschimmern oder man erkennt sogar den Herzschlag des Kükens als Pulsieren im Ei. Im einen Bereich des Eis befindet sich eine Luftblase, die mit der Zeit immer größer wird. Das Küken erscheint dann immer dunkler.

Eine wirkliche Notwendigkeit der Durchleuchtung der Eier besteht zu einem so frühen Zeitpunkt nicht, sondern dient eigentlich nur der Befriedigung der Neugier des Züchters. Denn selbst, wenn die Eier nicht befruchtet sind, sollte man sie zu diesem Zeitpunkt der Henne nicht wegnehmen, sondern liegen lassen, bis diese von allein das Gelege aufgibt, weil sie merkt, dass nichts schlüpft. Es gibt natürlich auch Züchter, die möglichst früh unbefruchtete Eier entfernen wollen, damit rasch nachgelegt oder ein neues Gelege begonnen wird. Ich halte dies aus Tierschutzgründen nicht für empfehlenswert, da das Legen der Eier auch eine Belastung für die Tiere darstellt. Als Gegenargument hört man manchmal: Hühner legen auch

Das erste Küken hat es schon geschafft!

täglich ein Ei und es laugt sie nicht übermäßig aus. Erstens möchte ich das bezweifeln, zweitens möchte ich das meinen Vögeln dennoch nicht zumuten.

Das Brüten

Vom Legetag bis zum Schlüpfen des Kükens dauert es bei Wellensittichen 18 bis 19 Tage. Die Abweichung in der Zeitspanne kann deshalb auftreten, da die Henne die Eier manchmal nicht ab dem ersten Tag fest bebrütet. Die Entwicklung des Embryos beginnt erst in dem Moment, in dem die Henne fest auf den Eiern sitzt. Es ist daher auch möglich, unbebrütete Eier zu entnehmen, zu lagern, und nach einiger Zeit wieder unterzulegen, ohne dass sie Schaden nehmen.
Bei manchen Vogelarten wird dies von Züchtern auch praktiziert, um sicherzustellen, dass die Küken in etwa gleich alt sind und von den Vogeleltern gleich gut versorgt werden. Bei Wellensittichen ist dies nicht nötig, da die Wellensitticheltern auch Küken mit großem Altersunterschied gut versorgen. Es kann aber mal erforderlich werden, zum Beispiel wenn eine Henne Eier legt, die aus irgendwelchen Gründen nicht brüten soll, und das Paar, dem die Eier untergelegt werden sollen, noch nicht bereit ist. So können die Eier eine Weile zwischengelagert und nachher ganz normal ausgebrütet werden. Dies ist in meinen Augen einer Bebrütung durch einen Automaten unbedingt vorzuziehen, schon weil die Küken dann von den Ammeneltern mit versorgt werden.

Die Küken entwickeln sich also im Ei relativ schnell und brauchen die Nahrung auf, die ihnen dort zur Verfügung steht. Sie werden von der Henne rund um die Uhr bebrütet; sie verlässt den Nistkasten nur ganz kurz, um Kot abzusetzen. Da sie dies meist nur ein- bis zweimal am Tag tut, Wellensittiche aber normalerweise etwa alle Viertelstunde koten, setzt sie dann sehr große Kothaufen ab. Wenige Hennen koten direkt in den Nistkasten, in diesem Fall muss man ihn während des Brutgeschäfts alle paar Tage säubern. Die meisten Hennen sind jedoch in dieser Beziehung sehr reinlich.
Zum Fressen verlassen sie den Nistkasten in der Regel nicht, sondern lassen sich von den Hähnen füttern, entweder durch das Einflugloch, indem der Hahn auf der Anflugstange sitzt, oder indem der Hahn hierzu bereits in den Nistkasten kommen darf. Gebrütet wird bei den Wellensittichen allerdings nur von den Hennen. Außer dass sie die Eier bebrüten, drehen die Hennen sie alle regelmäßig weiter, sodass die Küken nicht mit der Eihaut verwachsen.

Die Küken im Ei haben am Oberschnabel eine Spitze, die später abfällt, den sogenannten Eizahn. Mit diesem öffnen sie von innen das Ei, wenn der Zeitpunkt des Schlüpfens gekommen ist. Vom ersten Anpicken des Eis von innen bis zum vollständigen Schlüpfen kann es 24 Stunden dauern. Die ungeborenen Küken fiepen und strampeln beim Schlupfvorgang im Ei, was die Mutter animiert, Schlupfhilfe zu leisten, indem sie ihrerseits manchmal von außen die Schale anknabbert.

Hier erkennt man schon den Größenunterschied zwischen dem ersten und zweiten geschlüpften Küken.

Kükenaufzucht

Ist das Küken geschlüpft, wird es die ersten Stunden nicht gefüttert, sondern es zieht den restlichen Dottersack, der am Bauchnabel hängt, ein (somit haben Vögel tatsächlich einen Bauchnabel!). Nach diesen ersten Stunden füttert die Henne das Küken mit Vormagenmilch. Das ist ein Sekret, welches im Vormagen des Vogels aus Flüssigkeit und eingeweichter Nahrung gebildet wird. Die erste Nahrung für die Küken ist relativ flüssig. Je älter die Küken dann werden, umso festeres Futter wird gegeben.
Sind mehrere Küken im Nest, werden sie ihrem Alter gemäß in aufsteigender Reihenfolge gefüttert, beginnend mit dem jüngsten Küken. Dieses bekommt die dünnste Nahrung, und aufsteigend wird der Nahrungsbrei immer dicker. So ist dafür gesorgt, dass jedes Küken entsprechend seinen Bedürfnissen ernährt wird. Ein Wunder der Natur!

Zum **Füttern** werden die kleineren Küken von der Mutter auf den Rücken gerollt, später bleiben die Küken dabei sitzen. Das Fiepen der Küken animiert die Mutter zum Füttern. Dass die Kleinen gut gefüttert sind, kann man am gefüllten Kropf, rechts und links vom Hals, erkennen. Damit die Eltern die Küken gut und ausreichend füttern können, sollte jetzt stets Eifutter und möglichst noch ein anderes Weichfutter (Keimfutter, Quellfutter, halbreife Kolbenhirse, gequollene oder gekeimte Kolbenhirse) bereitstehen.

Wellensittiche – hier ein Weibchen mit der Farbe Gelbgesicht Spangle Hellblau – kümmern sich rührend um ihren Nachwuchs.

Anfangs sitzt die Henne, wie vorher auf den Eiern, Tag und Nacht auf oder nahe bei den Küken, auch wenn alle schon ausgeschlüpft sind. Dieses Wärmen der Küken nennt man Hudern. Meist hört die Henne damit auf, wenn das älteste Küken etwa 16 Tage alt ist. Es ist dann so weit befiedert, dass es sich selbst, aber auch die kleineren Geschwister gut wärmen kann. Die Henne schläft dann außerhalb des Nistkastens und verbringt auch tagsüber immer weniger Zeit darin. Der tatsächliche Zeitpunkt für das Verlassen des Nistkastens ist von Henne zu Henne unterschiedlich.

Ab dem Zeitpunkt, an dem die Henne sich zurückzuziehen beginnt, wird der Vater mehr in die Kükenaufzucht einbezogen. Er füttert jetzt die Küken direkt, in manchen Fällen sogar ganz allein. Es kann sein, dass sich die Henne nicht mehr großartig um die Küken kümmert. In manchen Fällen will sie kurz danach ein neues Gelege beginnen. Manchmal möchte sie dazu die vorhandenen Küken aus dem Kasten werfen, wofür diese oft noch zu jung sind. Es kann dabei leicht zu Verletzungen oder sogar zu toten Küken kommen. Es gibt aber auch Hennen, die mit den aufwachsenden Küken im Kasten parallel ein neues Gelege anfangen. Ich hatte dies bereits mehrere Male auch mit Erfolg. Ein Problem dabei ist, dass die vorhandenen größeren Küken die neuen Eier mit ihrem Kot beschmutzen, was diesen unter Umständen schaden kann.

In den Fällen, in denen die Henne aggressiv auf die Küken reagiert, kann es erforderlich werden, dass man die Küken mit dem Hahn in einen anderen Käfig absondert. In vielen Fällen bringt die Henne ihr neues Gelege dann auch ohne Hahn zum Erfolg, indem sie mehrmals am Tag kurz den Nistkasten verlässt und selbst Nahrung aufnimmt. Ich mache es dann aber meist so, dass ich nachkommende Eier gegen Kunststoffeier austausche, sodass die Henne sich nicht mit einer erneuten Kükenaufzucht befassen muss. Wenn ich rechtzeitig erkenne, dass sie eine erneute Brut plant und auf die vorhandenen Küken aggressiv reagiert, habe ich sie auch schon erfolgreich vor dem Legen in die große Voliere umgesetzt, wo sie vom Brüten abgelenkt wieder die Bewegung und das Fliegen genossen hat und die Brutstimmung verschwunden ist. Den Hahn mit den Küken habe ich dann in Kürze ebenfalls in die große Voliere umgesetzt, wo die Küken dann vom Hahn weiterversorgt werden. Es kann dann auch vorkommen, dass sie andere Altvögel anbetteln und von diesen teilweise sogar auch gefüttert werden.

Größen- und Entwicklungsunterschiede der Geschwister: Der älteste Vogel mit 18 Tagen ist rechts unten zu sehen. Der linke Vogel, bei dem schon zu erkennen ist, dass es ein Gelbgesicht wird, ist 16 Tage alt. Die anderen Küken, bei denen schon die Federn zu sprießen anfangen, sind dann je nach Größe 14, 12 und 10 Tage alt; die kleinen darunter sind noch jünger.

Das Ausfliegen

Wenn die Küken ausfliegen bzw. ausgeflogen sind, egal ob sie sich noch im Zuchtkäfig oder schon in der großen Voliere befinden, stelle ich kleine Unterschlupfmöglichkeiten auf den Boden, die aus unbehandelten Holzbrettchen angefertigt sind. Sie haben links und rechts ein etwa 3 cm hohes Klötzchen, darauf liegt ein etwa 10 x 15 cm großes Brettchen. So entsteht unter diesem Brettchen ein Raum, wo die Küken unterkriechen können. Sie können sich dorthin zurückziehen und eine ähnliche Geborgenheit wie im Nistkasten finden. Außerdem können sie sich so vor den Alttieren in Sicherheit bringen, wenn diese – was manchmal vorkommt – sie angreifen oder einfach ein bisschen grob sind. Diese Hütten werden von den Küken normalerweise gern angenommen, bis sie groß genug sind, dass sie mit den Altvögeln auf der Stange sitzen. Oft schlafen die Kleinen auch auf den Brettchen, die die Dächer dieser Hütten bilden.

Jetzt geht es bald nach draußen! Der dunklere normalfarbene grüne Opalin Wellensittich ist etwa vier Wochen alt und kurz vor dem Ausfliegen. Der etwas hellere grüne Wellensittich – ein Zimt Opalin – ist das jüngere Geschwisterchen. Die beiden Küken aus der Blaureihe stammen von anderen Eltern und sind noch jünger.

Das Ausfliegen ist eine Zeit, die mit mancherlei Gefahren für die Jungen verbunden ist. Je früher sie aus dem Nistkasten kommen, desto unsicherer sind sie noch mit dem Fliegen. So manches Tier hat sich bei den ersten Flugversuchen eine Verletzung zugezogen oder sogar das Genick gebrochen. Es dauert jedoch nicht lange und die Küken entwickeln sich zu sicheren Fliegern. Denn wenn sie voll befiedert sind, lernen sie das Fliegen innerhalb weniger Tage, manchmal bereits im Alter von fünf Wochen.

Wenn sie zur richtigen Zeit ausfliegen, fliegen die Kleinen oft gleich fast perfekt. Wenn Jungtiere bei einem Züchter zum Verkauf stehen, die mit acht Wochen noch nicht fliegen können, kann man davon ausgehen, dass sie zum Beispiel eine Gefiederstörung durch Polyomaviren oder PBFD (siehe auch Seite 39) haben oder dass sie einfach doch noch um einiges jünger sind. Man sollte daher nur Vögel erwerben, die bereits in der Lage sind zu fliegen.

Auch wenn die Küken dann „auf der Stange“ sind, lassen sie sich von den Alttieren noch füttern. Ab einem Alter von etwa sieben bis acht Wochen sind sie futterfest, das heißt, sie können selbstständig fressen und theoretisch von den Alttieren getrennt werden. Sie lassen sich aber gern auch noch länger füttern, manche bis zur Jugendmauser, die im Alter von drei bis fünf Monaten einsetzt.

Jugendmauser

Mit der Jugendmauser verschwinden dann die Wellenlinien auf der Stirn, die bei manchen Farbschlägen vorhanden sind. Die Tiere bekommen anschließend auch einen Irisring. Nur manche Farbschläge (zum Beispiel rezessive Schecken) behalten lebenslang die großen schwarzen Kulleraugen ohne Irisring, an denen man normalerweise Jungtiere erkennen kann.
Es ist somit möglich, den Nachwuchs ab einem Alter von sieben bis acht Wochen von den Elterntieren zu trennen und sie abzugeben. Besser ist es jedoch, wenn die Tiere noch einige Zeit bei den Eltern bzw. im Schwarm leben können. Sie sind dann besser sozialisiert, das heißt, sie lernen die Verhaltensweisen kennen, die einen Wellensittich ausmachen. Die Tiere sind nachher wesensfester und mutiger, lassen sich besser vergesellschaften und zeigen keine problematischen

Bei diesem jungen Männchen sieht man noch die Wellenlinien auf der Stirn.

AN MENSCHEN GEWÖHNEN

Leider wollen viele Interessenten, die einen Wellensittich übernehmen, die Tiere möglichst nestjung erwerben, da sie davon ausgehen, dass diese sich dann besonders gut zähmen lassen. Dies ist tatsächlich auch richtig. Das Gute bei Hobbyzuchten im Haus ist, dass auch der Züchter sich nach dem Ausfliegen intensiv mit den Nachkommen beschäftigen kann, sodass die Tiere, auch wenn sie älter abgegeben werden, bereits an den Menschen gewöhnt und somit vorgezähmt sind. Sie können somit länger im Schwarm bleiben, ohne dass sie nachher scheu sind.

Verhaltensweisen wie zum Beispiel das Federrupfen (was bei Wellensittichen zum Glück ohnehin selten ist).

Mit Abschluss der Jugendmauser, etwa ab einem halben Jahr, sind die Wellensittiche dann auch geschlechtsreif. Zur Zucht sollten sie allerdings erst im Alter von mindestens einem Jahr verwendet werden, um Komplikationen zu vermeiden. Bei allzu jungen Hennen tritt oft Legenot auf, die Eier werden häufig nicht durchgehend bebrütet, die Küken nicht ausreichend gefüttert usw. Zu junge Hähne füttern manchmal noch nicht gut und regelmäßig.

Wellensittiche sollten schon beim Züchter an Menschen gewöhnt werden.

Mögliche Komplikationen

Grundsätzlich ist festzustellen, dass man nur gesunde Tiere außerhalb der Mauser zur Zucht zulassen sollte, und zwar am besten Tiere, die zwischen einem und fünf Jahre alt sind. Außerdem sollten es keine über- oder untergewichtigen Tiere sein oder solche, die sonstige Probleme oder Anomalien aufweisen (zum Beispiel Schnabelanomalien).

Wenn alles glatt geht, braucht man als Züchter in den Brutverlauf und die Kükenaufzucht so gut wie gar nicht einzugreifen. Die Wellensittiche machen alles allein und sie machen es in den allermeisten Fällen auch gut. Leider gibt es dennoch eine große

Anzahl an Komplikationen, die bei der Zucht auftreten können. Da ist es wichtig, als Züchter Bescheid zu wissen, was so alles passieren kann, um dann gewappnet zu sein und entsprechend eingreifen zu können.
Viele Komplikationen ergeben sich, wenn man in Kolonie brüten lässt, da es dann oft zu Aggressionen vor allem der Hennen gegeneinander bzw. gegen fremde Küken bzw. Eier kommt. Dies habe ich im Kapitel über die Koloniebrut bereits beschrieben.

Unbefruchtete Eier

Manchmal kommt es vor, dass entweder alle Eier oder mehrere Eier eines Geleges nicht befruchtet sind. Dass das erste Ei oft nicht befruchtet ist, ist mehr oder weniger normal und nicht als Komplikation zu betrachten. So hat das erste Ei manchmal auch eine sonderbare Form, zum Beispiel ist es besonders länglich. Wenn weitere Eier bzw. das gesamte Gelege nicht befruchtet sind, liegt jedoch eine Störung vor. Nun gilt es, die Ursache zu erforschen und zu beheben. In den seltensten Fällen liegt ein organisches oder hormonelles Problem vor. Dies kann der Fall sein, wenn die Nasenhaut eines der Tiere nicht die richtige Farbe für ein Tier dieses Geschlechts in Brutstimmung aufweist (siehe Seite 41f.).

Sind bei einem Erstgelege nur wenige oder keine Eier befruchtet, kann es sein, dass das Paar nur etwas Übung benötigte und es beim zweiten Versuch richtig macht.
Ein Grund für unbefruchtete Eier kann aber auch sein, dass die Tiere keinen stabilen Platz für die Paarung finden. Wenn die Sitzstangen zu sehr nachgeben, kann es passieren, dass der Tretakt misslingt. Es ist daher wichtig, im Zuchtkäfig möglichst stabile Sitzgelegenheiten, das heißt, relativ dicke Sitzstangen, die an beiden Seiten befestigt sind, anzubringen. Bei manchen Zuchtkäfigen, die vorne ein Vorsatzgitter haben und hinten aus einer Kiste bestehen, kann man die Stangen nur vorne am Gitter befestigen und hinten schweben sie frei. Dies kann der Anlass für das Fruchtbarkeitsproblem sein. Hier hilft es dann, die Stangen auch im hinteren Bereich fest zu verankern oder sie von unten so zu stützen, dass sie nicht nachgeben können. Es muss auch nach oben hin genug Freiraum sein, sodass die Vögel bequem aufeinander sitzen können. Handelsübliche Schaukeln sind daher als Sitzgelegenheiten im Zuchtkäfig ebenfalls eher ungeeignet.

Manchmal kommt es auch vor, dass die Befiederung im Kloakenbereich so dicht ist, dass die Befruchtung misslingt. In diesem Fall kann es helfen, die Federn dort mit einer kleinen Schere oder einem Elektrorasierer zur Rasur der Augenbrauen oder Nasenhaare (Trimmer) etwas freizuschneiden.

Ebenso ein Grund für die fehlende Fruchtbarkeit kann sein, dass die Tiere überhaupt nicht miteinander harmonieren und sich daher nicht verpaaren. Bei Wellensittichen kommt dies höchst selten vor, sollte aber in Betracht gezogen werden. Eine Umverpaarung bringt dann in den meisten Fällen Erfolg.

Ob die anderen Eier auch alle befruchtet sind, wird sich erst noch herausstellen.

Es kann auch sein, dass zwar die Henne, aber nicht der Hahn in Brutstimmung gekommen ist. Sie legt dann zwar Eier, diese sind aber unbefruchtet. Dies ist meistens dann der Fall, wenn die Henne sehr rasch nach dem Einsetzen in den Zuchtkäfig bereits zu legen beginnt. In diesem Fall muss man sich darum bemühen, dass der Hahn ebenfalls in Brutstimmung kommt. Dies kann gelingen, indem man dafür sorgt, dass er andere Wellensittiche in Hörweite hat (falls das bislang nicht der Fall war), dass man die Tageslichtlänge erhöht (zum Beispiel durch das Anbringen einer Birdlamp und entsprechend lange Ausleuchtung des Zuchtkäfigs von etwa zwölf Stunden) oder auch durch das Füttern von mehr Weich- und Feuchtfutter. Belässt man die Tiere dann im Zuchtkäfig, gelingt häufig der zweite Versuch.

Wenn alle diese Maßnahmen nicht helfen, kann ein vogelkundiger Tierarzt einen Blick auf die betroffenen Vögel werfen. Dieser kann durch eine Untersuchung, zum Beispiel per Ultraschall, die Geschlechtsorgane der Tiere begutachten. Eine solche Untersuchung ist jedoch so teuer, dass die meisten Züchter es auf sich beruhen lassen und sich ein weiteres Zuchtpaar oder zumindest einen anderen Hahn besorgen und den unfruchtbaren Hahn ersetzen. Wenn es sich jedoch bei dem Hahn um einen speziellen Farbschlag handelt, den man unbedingt weiter vererben möchte, kann man auch den Weg der tierärztlichen Untersuchung gehen und so möglicherweise das Problem beheben lassen.

Es gibt natürlich auch Hennen, die unfruchtbar sind und nicht zum Eierlegen schreiten. Auch hier kann das Problem darin liegen, dass sie nicht in Brutstimmung geraten sind. Normalerweise kommen Hennen bei Vorhandensein eines Nistkastens schnell in Brutstimmung. Sollte dies nicht der Fall sein, kann man die oben für die Hähne beschriebenen Maßnahmen auch für die Hennen anwenden. Natürlich kann auch bei nicht Eier legenden Hennen das Problem körperlicher Natur sein und eventuell tierärztlich behoben werden wie durch Hormongaben.

Schmutzige Eier

Besonders wenn die Henne eine zweite Brut beginnt, solange noch größere Küken der ersten Brut im Kasten sind, oder bei wenig reinlichen Hennen, kann es passieren, dass die Eier sehr verkotet sind. Dies kann dazu führen, dass die Schutzschicht der Eier, die verhindert, dass Keime ins Ei eindringen und dem Küken schaden, zerstört wird. Allerdings kann diese Schutzschicht auch bei einer Reinigungsaktion der Eier Schaden nehmen. Ich lasse im Allgemeinen der Natur ihren Lauf. In vielen Fällen schlüpfen auch aus leicht verschmutzten Eiern noch Küken aus.

Legenot

Eines der häufigsten Probleme bei der Zucht von Wellensittichen ist die Legenot. Sie tritt häufig dann auf, wenn die Hennen zu jung, zu alt oder schlecht auf das Eierlegen vorbereitet sind, zum Beispiel weil sie im Vorfeld zu wenig Kalzium bekommen haben. Legenot kann auftreten, wenn die Eier missgebildet sind, aber auch, wenn es sich um Windeier handelt, das heißt, wenn die Eierschale keine Kalkschicht aufweist. Manchmal ist aber auch gar kein Grund ersichtlich.

Meist erkennt man Legenot daran, dass die Henne aufgeplustert auf dem Boden sitzt und gelegentlich dabei zittert. Manchmal sieht man, dass sie ein Ei loswerden möchte, dazu macht sie sich ganz schlank und presst; manchmal sitzt sie nur apathisch da.

Wenn eine Legenot festgestellt wird, sollte man sofort einen vogelkundigen Tierarzt aufzusuchen, der das Ei fachmännisch entfernen kann. Erste Hilfe kann Wärme bringen, indem man das Tier mit einer Rotlichtlampe oder einem Dunkelstrahler anleuchtet. Besonders gut ist feuchte Wärme, die man erhält, indem man den Vogel in einem kleinen Karton auf ein Bett aus warmer, zerdrückter Kartoffel setzt (und so dann am besten gleich zum Tierarzt fährt). Ein vorsichtiges Massieren der Kloake, auch mit Öl, kann Besserung bringen. Wichtig ist, dass man aufpasst, das Ei nicht zu zerstören, da dies ernsthafte innere Verletzungen des Legedarms zur Folge haben kann.

Legedarmvorfall

Eine weitere Komplikation, die auftreten kann, ist ein Legedarmvorfall, das heißt, mit dem Ei kommt auch der Legedarm nach außen. Dies ist eine lebensbedrohliche Situation für die Henne und bedarf sofort tierärztlicher Behandlung. Oft schließt sich ein Legedarmvorfall an eine Legenot an. Das Ei hängt im Legedarm fest und wird nachher samt Legedarm nach außen befördert. Es kann aber auch zu einem Legedarmvorfall kommen, wenn vorher keine Legenot feststellbar war. Hennen, die einen Legedarmvorfall hatten, sollten zumindest für die nächsten Monate aus der Zucht genommen werden. Wenn nach einer ausreichenden Brutpause ein zweites Mal Komplikationen auftreten, sollte die Henne komplett aus der Zucht genommen werden.

Schlupfprobleme

Es kann auch vorkommen, dass sich die Küken nicht richtig aus dem Ei befreien können. Grund dafür kann eine zu niedrige Luftfeuchtigkeit sein. Die Küken kleben dann sozusagen im Ei fest und schaffen es trotz der Schlupfhilfe der Eltern nicht heraus. Wenn man darauf aufmerksam wird, kann es gelingen, dass man ein solches Küken noch aus dem Ei schälen kann. Heikel ist es, wenn ein Ei zwar von der Zeit her am Schlupftermin ist, aber noch keine Anzeichen zu sehen sind, dass das Küken sich auf den Weg macht. Beim Durchleuchten des Eis kann man meistens erkennen, ob das Küken bereits abgestorben ist oder ob noch Leben (Bewegung, Pulsschlag) vorhanden ist. Aber selbst dann weiß man nicht, ob es tatsächlich Zeit für das Küken ist zu schlüpfen, da die Entwicklung von Küken zu Küken unterschiedlich abläuft.

Holt man ein Küken zu früh aus dem Ei, wird es nicht überleben, da es zu schwach ist, um sich zu melden, wenn es gefüttert werden muss. Es wird verhungern. Auch eine Handfütterung klappt bei so schwachen Küken nicht. Greift man zu spät ein, kann das Küken inzwischen im Ei abgestorben sein. Dies ist eine Sache von Stunden. Ich mache in solchen Fällen normalerweise nichts, sondern lasse der Natur ihren Lauf, weil ich der Meinung bin, dass der Vorgang des Schlüpfens aus dem Ei für die weitere Entwicklung des Kükens wichtig ist. Wir können nicht jedes Küken retten. Manchmal klappt es eben einfach nicht und das hat dann vielleicht seinen Grund. So habe ich es schon mehrmals erlebt, dass ein Küken, welchem ich durch Schlupfhilfe ins Leben geholfen habe, nach einigen Tagen ohnehin gestorben ist. Die Natur verlangt manchmal ihr Recht. Das Tier war dann möglicherweise von vorneherein nicht lebensfähig.

Das Gleiche gilt, wenn die Elterntiere ein kleines Küken aus dem Nistkasten werfen. Wenn ich dies sehe, lege ich das Kleine selbstverständlich wieder zurück. Mehrmals habe ich jedoch schon erlebt, dass das Küken einige Tage später gestorben ist. Offenbar hatten die Eltern schon erkannt, dass das Tier irgendwelche Probleme hatte und nicht lebensfähig war. Die Instinkte unserer Vögel sind manchmal besser, als wir denken. Dennoch würde ich es nicht übers Herz bringen, ein hinausgeworfenes Küken sterben zu lassen oder schmerzlos aus dem Leben zu befördern. Ich lege es zurück und gebe ihm damit zumindest eine zweite Chance.

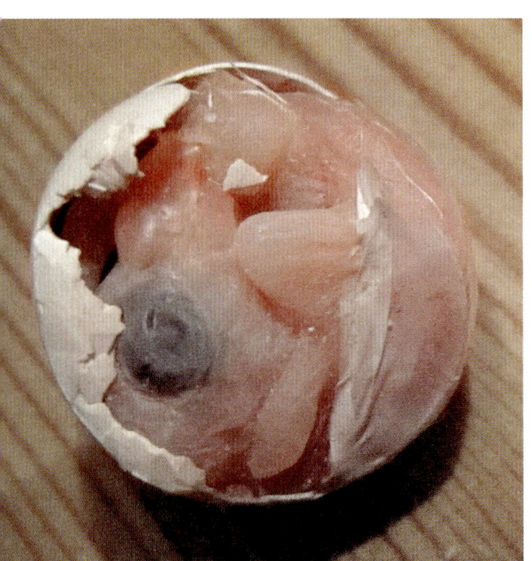

Dieses Küken hat es nicht geschafft und ist noch in der Eihülle gestorben.

Tote Küken

Da es also immer mal wieder passieren kann – aus welchen Gründen auch immer –, dass Küken im Nistkasten sterben, ist es wichtig, den Nistkasten täglich zu kontrollieren, und zwar schon in dem Stadium, in dem die Küken noch nicht geschlüpft sind. Auch eventuell zerbrochene Eier müssen schnellstens entfernt werden. Erstens könnten die anderen Eier verschmutzt werden und Schaden erleiden, zweitens könnten die Elterntiere auf den Geschmack kommen, den Eiinhalt zu fressen. Oft ist es schon passiert, dass die Tiere dann zu Eierfressern werden – eine Gewohnheit, die man ihnen nur schwer wieder abgewöhnen kann. Die Tiere sind dann für die Zucht nicht mehr zu gebrauchen.

Dass auch tote Küken schnellstmöglich entfernt werden müssen, versteht sich von selbst. Sie werden sonst von den anderen platt gesessen und beginnen zu verwesen, was für die noch lebenden Vögel nicht zuträglich ist.

Rupfen

In vielen Fällen kann durch eine regelmäßige Nistkastenkontrolle Unheil verhindert werden, wenn wir zum Beispiel sehen, dass die Elterntiere die Küken zu rupfen beginnen. Ein leichtes Rupfen am Rücken ist noch kein größeres Problem. Es rührt meist von einem Mangel bei der Henne her. Wenn man der Henne ein reichhaltigeres Futter anbietet mit viel tierischem Eiweiß, aber auch mit vielen Mineralien wie ein Eifutter, welches auch Insekten enthält, hört das Rupfen oft auf.

Hin und wieder wird das Rupfen von Küken jedoch auch durch Langeweile verursacht. Die Henne sitzt tagelang im Nistkasten, um die Küken zu hudern, und hat nichts zu tun. Sie fängt dann manchmal an, an den Jungen herumzunagen. Ein solches Rupfen kann man dadurch abstellen, dass man der Henne im Nistkasten eine andere Beschäftigung anbietet, indem man Kolbenhirse, Kork oder kleine Ästchen hineinlegt, an denen sie herumnagen kann. Was genau die Henne am besten ablenkt, muss man ausprobieren.

Es gibt jedoch auch Hennen, die nicht von den Küken ablassen. Spätestens wenn sie anfangen, die Küken auch an den Schwung- oder Schwanzfedern zu benagen oder zu rupfen oder wenn es zu blutenden Wunden kommt, sollte man die Küken entnehmen und, wenn möglich, in einem anderen Nistkasten unterbringen. Normalerweise ziehen Wellensittiche fremde Küken problemlos mit groß. Wenn man selbst keine Küken im entsprechenden Alter hat, empfiehlt es sich, sich bei anderen Züchtern in der näheren Umgebung umzuhören, bevor man zur Handaufzucht schreitet. Eine Elternaufzucht ist einer Handaufzucht immer vorzuziehen.

Eine andere Möglichkeit ist, die Henne zu entnehmen und die Küken durch den Hahn großziehen zu lassen. In den allermeisten Fällen funktioniert dies gut, zumindest wenn die Küken bereits eine gewisse Größe erreicht haben. Es gibt jedoch auch Fälle, in denen es die Hähne sind, die die Küken rupfen oder auch die Eier fressen. Es ist nicht immer ganz einfach herauszufinden, wer der Schuldige ist. Es ergibt sich manchmal erst bei einer späteren Umverpaarung.

In seltenen Fällen ist sogar zu beobachten, dass Elterntiere ihre Küken töten. Dies ist meistens dann der Fall, wenn noch Küken im Nistkasten sind und die Henne bereits eine zweite Brut beginnen möchte. Auch in diesem Fall empfiehlt sich die Entfernung der Henne und der Versuch, die Kleinen vom Vater großziehen zu lassen. Wellensittichhähne sind in der Regel gute Väter und schaffen es, auch eine größere Anzahl Küken allein großzuziehen.

Manchmal kommt es auch deshalb zu toten Küken, weil bereits vorhandene größere Küken oder auch die Elterntiere kleinere Küken im Kasten sozusagen tot trampeln. Dies lässt sich verhindern, indem man ein zusätzliches Kunststoff-Ei in den Nistkasten legt, wenn die anderen Eier geschlüpft sind oder beim Entnehmen vorhandener unbefruchteter Eier. Theoretisch könnte man auch unbefruchtete Eier im Nistkasten belassen, dabei besteht aber immer die Gefahr, dass diese zerbrechen und den Nistkasten sowie die Küken verschmutzen. Der Inhalt kann dann mit Bakterien infiziert sein und den Küken schaden. Ein eingelegtes Kunststoff-Ei hingegen zerbricht nicht und fungiert als Abstandshalter zwischen den größeren Vögeln und dem Nistkasten, sodass eventuell spät geschlüpfte kleine Küken nicht so leicht zerdrückt werden können. Ein weiterer Vorteil ist, dass es auch nicht so leicht zu Spreizbeinchen bei den Küken kommen kann.

Spreizbeine

Spreizbeinchen sind eine weitere Komplikation, die bei der Zucht von Papageienvögeln hin und wieder auftritt. Sie rühren möglicherweise daher, dass durch das Sitzen der Henne oder größerer Küken auf einem kleinen Vögelchen dessen Beine an der Hüfte ausgekugelt oder deformiert werden. Die Beine gehen dann statt nach unten extrem zur Seite weg. Die Vögel sind dadurch lebensunfähig und müssen euthanasiert (eingeschläfert) werden, wenn man es nicht beheben kann. Verhindern lässt sich dies oft schon dadurch, dass man Nistkästen mit einer Nistmulde verwendet. Schon dann sitzen die Hennen nicht so direkt auf dem Küken, dass es zu sehr plattgesessen werden kann. Noch besser ist es jedoch, wenn man dafür sorgt, dass immer ein überzähliges Ei im Nistkasten bei den Jungen liegt, welches sozusagen als Abstandshalter fungiert (siehe oben).

Wenn man dennoch beobachtet, dass man Küken im Kasten hat, bei denen die Beinchen extrem zur Seite wegstehen, kann man versuchen, dies zu beheben, indem man die Beinchen zusammenbindet. Wer damit keine Erfahrung hat, sollte sich dies von einem erfahrenen Züchter oder einem vogelkundigen Tierarzt zeigen lassen. Wenn man es nämlich unfachmännisch macht, bringt es entweder nichts oder es kann passieren, dass durch das Band Einschnürungen oder Verwicklungen entstehen, die ihrerseits wieder Schaden anrichten. Wenn es gut gemacht wird, kann es sein, dass sich die Beine normaliseren und der Vogel es „auf die Stange“ schafft und somit gerettet werden kann.

Ein überzähliges Ei im Nistkasten kann als Abstandshalter dienen und so den Spreizbeinen vorbeugen.

Deformierte Füße und Schnäbel

Auch andere Deformationen können im Nistkasten verhindert werden. Wichtig ist es, die Zehen der Vögel stets zu beobachten. Manchmal kommt es vor, dass sich Kot in Klumpen dort ansetzt und so die Zehennägel zusammen mit dem fest gewordenen Kot abgerissen werden können. Ich wasche von Zeit zu Zeit die Krallen der Küken mit warmem Wasser ab, wenn diese stark verschmutzen. Manche Hennen halten den Nistkasten so sauber, dass dies nicht erforderlich ist, bei manchen jedoch muss man die Küken beinahe jeden Tag reinigen.

Wichtig ist auch die Kontrolle der kleinen Schnäbelchen, damit es nicht zu Schnabeldeformationen kommt, unter denen die Sittiche lebenslang zu leiden haben, da sie meist mit einem übermäßigen Schnabelwachstum verbunden sind. Die Schnabeldeformationen entstehen zum Beispiel dadurch, dass sich Futterreste im Oberschnabel festsetzen und trocknen. Sie werden dort zum Teil steinhart und verhindern ein Wachstum des noch weichen Oberschnabels, sodass der Unterschnabel darüber hinaus wächst. Besonders leicht kann das passieren, wenn Keimfutter (gekeimter Weizen) gegeben wird. Wenn ich solche Speisereste im Schnabel feststelle, entferne ich sie mit einem Zahnstocher.

Manchmal kommt es aufgrund von Verletzungen durch die Eltern oder Geschwister zu Schnabeldeformationen. Kommt dies bei einem Paar öfter vor, muss es aus der Zucht genommen werden.

Das etwa zwei Wochen alte Küken hat sich gut entwickelt und zeigt keine Deformationen.

Tote Elternvögel

Manchmal passiert es, dass eines der Elterntiere verstirbt, aus welchen Gründen auch immer. Viele Erstzüchter reagieren dann panisch und wissen nicht, was sie tun sollen. Meistens jedoch braucht man gar nichts weiter zu tun, da das verbliebene Tier in der Lage sein kann, die Küken allein großzuziehen. Für die Henne gilt dies generell, für den Hahn dann, wenn die Küken zumindest bereits 14 Tage alt sind und nicht mehr gehudert werden. Es gibt jedoch auch Hähne, die das Brutgeschäft bei Fehlen der Henne komplett übernehmen.

Sollte das nicht der Fall sein, können Küken bzw. Eier in andere Nistkästen umgelegt werden, wenn sich dort Eier oder Küken in einem ähnlichen Stadium befinden. Relativ große Küken kurz vor dem Ausfliegen können auch in die große Voliere umgesetzt werden und werden dort normalerweise von den Altvögeln gefüttert, wenn sie diese anbetteln. Damit sie Schutz finden, sollten die kleinen Unterschlupf-Hütten, die oben beschrieben wurden, aufgestellt werden.

Flugunfähige Küken

Wenn die Küken den Nistkasten verlassen, können sie normalerweise sofort oder zumindest innerhalb weniger Tage perfekt fliegen, auch wenn sie erst fünf Wochen alt sind. Das heißt, die Vögel können eher fliegen als sie futterfest sind. Wenn die Küken in einem Alter von sieben oder acht Wochen noch nicht fliegen können, ist etwas nicht in Ordnung. Es ist zu befürchten, dass die Tiere zeit ihres Lebens flugunfähig bleiben.

In einigen Fällen wachsen fehlende Federn nach der ersten Mauser nach. Manchmal hingegen treten die Gefiederstörungen aber erst nach der ersten Mauser auf. Eine Gefiederstörung kann von einer Mangelernährung kommen, aber zumeist steckt eine Krankheit dahinter. Es gibt zwei bedeutende Gefiederstörungen bei Wellensittichen, dies ist zum Einen das Polyomavirus, zum anderen PBFD. Wer PBFD oder Polyomaviren in seinem Bestand hat, sollte die Zucht sofort einstellen. Diese Krankheiten sind ausgesprochen ansteckend und werden von den Eltern in jedem Fall auf die Jungen übertragen.

Wer seine Zucht seuchenfrei bekommen möchte, kann alle Vögel in andere durchseuchte Bestände abgeben, die Volieren vollständig desinfizieren und neu besetzen. Wichtig ist es, ein Desinfektionsmittel zu verwenden, welches das aufgetretene Virus auch tatsächlich vernichten kann.

Ich halte es für unbedingt wichtig, dass nur mit wirklich gesunden Tieren gezüchtet wird. Kranke Tiere sollten keinesfalls weitervermehrt werden! Da die Viruserkrankungen sehr ansteckend sind, sollten betroffene Tiere wirklich nur in Bestände vermittelt werden, in denen die Krankheit bereits festgestellt wurde, da sonst gesunde Bestände verseucht werden. Eine Übertragung erfolgt auch über Gefiederstaub und Kotstaub.

Flugunfähig kann ein Küken aber auch werden, indem es sich zum Beispiel durch ungeschickte erste Flugversuche einen Flügel bricht. Hier ist ein Gang zum Tierarzt nicht zu vermeiden, schon deshalb, da ein solcher Bruch sehr schmerzhaft sein kann und das Tier mit einem Schmerzmittel versorgt werden sollte. Ein eigenes Herumdoktern ist im Interesse des Tieres zu unterlassen.

Dieses Männchen ist kerngesund und ruht sich nur aus.

Tierarztbesuch mit Küken

Was tun, wenn während der Zuchtphase Komplikationen oder Krankheiten aufkommen, die einen Tierarztbesuch erforderlich machen? Die beste Lösung ist, einen vogelkundigen Tierarzt zu finden, der Hausbesuche macht. So entsteht am wenigsten Stress für die Vögel. Sollte dies nicht möglich sein, ist es vielleicht am schonendsten, wenn man bei erkrankten Küken oder der Henne den kompletten Zuchtkäfig mit Nistkasten und allen Vögeln ins Auto verladen und zum Tierarzt bringen kann. Vorsicht ist nur geboten mit Eiern, die noch weniger als 14 Tage alt sind, da hier Erschütterungen dazu führen können, dass sich die Küken nicht weiterentwickeln, sondern absterben.

Wenn jedoch die Henne erkrankt ist, kann die Abwägung, was zu tun ist, ergeben, dass dies in Kauf genommen werden muss, um das Elterntier und auch eventuelle andere Küken oder Eier zu retten. Möglicherweise kann man jüngere Eier zumindest für die Dauer des Tierarztbesuches auch anderswo unterlegen. Wellensittiche sind zum Glück wenig empfindlich, was das Unterlegen von Eiern in fremden Nistkästen anbelangt. Es mag zwar den Legerhythmus einer Henne durcheinanderbringen, wenn diese plötzlich mehr Eier hat, wenn es sich jedoch nur für die Dauer eines Tierarztbesuchs, also um wenige Stunden, handelt, mag dies im Einzelfall die verträglichste Lösung sein.

Größere Küken ab etwa drei Wochen können auch für die Dauer eines Tierarztbesuches aus dem Nistkasten entnommen und gesondert zum Tierarzt gebracht werden. Sie halten es schon einige Zeit aus, ohne gefüttert zu werden. Es muss nur dafür gesorgt werden, dass sie einigermaßen warm und zugfrei transportiert werden, zum Beispiel in einem weiteren Nistkasten, bei dem das Einflugloch verschlossen wurde. Gut geeignet sind auch die faltbaren Pappschachteln, die zum Verkauf von Wellensittichen verwendet werden, oder kleine Holztransport-Kisten, wie sie auch für den Versand von Sittichen benutzt werden.

Zahme Küken

Viele Leute möchten gern zahme junge Wellensittiche haben und entscheiden sich deshalb, ihren Wellensittichen eine Brut zu ermöglichen. Sie gehen davon aus, dass, wenn sie die Küken von klein auf an sich gewöhnen können, diese wesentlich zahmer werden als Tiere, die man vom Züchter erwirbt, auch wenn dies in einem zarten Alter von acht Wochen erfolgt. Damit haben sie wahrscheinlich sogar recht. Dennoch werden auch beim Zähmen von Küken sehr viele Fehler gemacht, unter anderem indem vieles einfach übertrieben wird, sodass die Tiere nicht mehr tierschutzgerecht aufgezogen werden.

Am besten gelingt die Aufzucht zahmer Küken, wenn auch die Elterntiere zahm sind. Die Küken übernehmen von den Eltern das Verhalten. Sie gucken sich bei den Eltern ab, dass man vor den Menschen keine Angst haben muss. Sie werden dann ihrerseits keine Angst vor den Menschen haben. Sonstige größere Anstrengungen braucht man meist nicht zu unternehmen.

Durch die tägliche Kontrolle werden die Küken früh an den Menschen gewöhnt.

Ansonsten ist es so, dass die Küken durch die tägliche Nistkastenkontrolle schon früh an den Menschen gewöhnt werden. Es ist eine Selbstverständlichkeit für sie, sich vom Menschen anfassen zu lassen. Hilfreich kann es sein, nach der normalen Kontrolle noch ein paar Minuten extra die Küken in der Hand zu behalten, behutsam mit ihnen zu reden, sie zu streicheln und zu kraulen. Am besten ist es, dies in einer relativ dunklen und warmen Umgebung zu tun, damit die Jungen keine Angst bekommen, so plötzlich außerhalb des Nistkastens zu sein. Dies macht jedoch erst Sinn, wenn die Tiere die Augen offen haben und befiedert sind, also so im Alter von zweieinhalb Wochen und wie gesagt nur für einige Minuten.

Die Tiere schon zu früh aus dem Nistkasten zu entnehmen oder in jugendlichem Alter schon längere Zeit von den Eltern zu trennen, bringt meiner Erfahrung nach keinen großen Erfolg, sondern schlägt eher ins Gegenteil um. Den Küken fehlt dann wahrscheinlich das Gefühl der Ur-Geborgenheit und sie bleiben zeitlebens besonders ängstlich. Um zahme Vögel zu erhalten, ist es vielmehr wichtig, in der kritischen Phase, wenn die Küken entdecken, dass sie fliegen können, den Kontakt zu ihnen zu halten, ohne sie in ihrer Freiheit zu beschneiden. Sie müssen erkennen, dass sie fliegen dürfen, dass es aber dennoch schön ist, zu den Menschen wieder zurückzukommen.

ZÄHMEN OHNE ZWANG

Zähmen hat ganz viel mit Freiheit zu tun und nichts mit Zwang. Daher lehne ich alle Methoden, die Vögel zu zähmen, ab, die mit Zwang verbunden sind.

Manche Vogelhalter praktizieren es so, dass sie Vögel einzeln setzen, um diese enger an den Menschen zu binden. Diese Vorgehensweise lehne ich ab. Wellensittiche sind Schwarmtiere und brauchen Artgenossen als Gesellschaft. Wellensittiche, die auf den Menschen fehlgeprägt sind, sind auch nicht wirklich zahm, sondern im Grunde verhaltensgestört.

Vögel, die zahm sind, wissen, dass sie Vögel sind. Sie wissen, wie man sich als Vogel verhält und sind auch geschlechtlich auf andere Vögel ausgerichtet. Dennoch kommen sie gern zum Menschen, weil sie wissen, dass von ihm keine Gefahr droht, sondern sie von dort Gutes zu erwarten haben – sei es ein besonderes Leckerchen, eine Streicheleinheit, ein Spiel oder auch nur ein gutes Wort. Wellensittiche sind ja sehr kommunikativ und freuen sich über Ansprache.

Manchmal kommt es dann auch vor, dass Wellensittiche die menschlichen Laute nachahmen. Die weit verbreitete Meinung, dass Wellensittiche nur als Einzelvögel menschliche Laute imitieren, ist nicht richtig, dies passiert tatsächlich auch im Schwarm, jedoch eher selten. Das Nachahmen menschlicher Laute stellt in dem Fall keine Verhaltensstörung dar, sondern gehört zum natürlichen Verhalten der Tiere. Es ist wissenschaftlich erwiesen, dass Wellensittichschwärme auch in freier Natur verschiedene „Dialekte“ haben. Kommt ein neuer Vogel in den Schwarm dazu, so passt er seine Lautäußerungen mit der Zeit dem jeweiligen Schwarm an. Es ist von daher ein ganz normales Verhalten, dass man die Laute des Schwarms nachahmt.

Der Regelfall ist es jedoch nicht, dass die Wellensittiche dieses Verhalten auch auf menschliche Laute ausdehnen. Es kommt zwar ab und zu vor, man sollte dies von seinen Vögeln jedoch nicht erwarten. Die Wellensittiche sollten nicht sprechen „müssen“, man sollte sich nicht darauf versteifen. Es ist schön, wenn sie freiwillig zu uns kommen, auf uns landen oder sich gar anfassen lassen, mehr sollte man nicht erwarten. Und selbst dies klappt nicht bei jedem Vogel.

Wer Wellensittiche züchtet und zahme Nachkommen haben möchte, sollte also den oben beschriebenen Weg gehen und sich ab der dritten oder vierten Woche zunehmend länger mit den Küken beschäftigen. Wenn die Wellensittiche zum Zeitpunkt des Ausfliegens so an die Hand gewöhnt sind, dass sie diese als Zufluchts- oder Kuschelort akzeptieren, werden sie immer wieder gern in die Hand zurückkehren, wenn dies ständig weiter so betrieben wird.

Es gibt aber auch immer wieder Vögel, die sich irgendwann vom Menschen abwenden und nicht zahm werden, selbst wenn sie genauso behandelt wurden wie Geschwistertiere, die superzahm wurden. Jeder Wellensittich hat seinen ei-

genen Charakter, manche sind anhänglicher, manche weniger. Dies sollten wir akzeptieren.
Auch nicht zahme Wellensittiche sind tolle Haustiere. Es macht großen Spaß, sie in Aktion und in Interaktion mit ihren Artgenossen zu beobachten. Es sollte nicht vergessen werden, dass Wellensittiche keine Kuscheltiere sind, auch wenn das eine oder andere Tier sich – besonders in der Jugendzeit – gern vom Menschen kraulen lässt. Ältere Wellensittiche lassen sich am liebsten von einem anderen Wellensittich kraulen. Wenn sie sich darüber hinaus Streicheleinheiten beim Menschen abholen, so ist dies ein besonderes Plus und keine unbedingt notwendige Selbstverständlichkeit.

Was von zahmen Vögeln hingegen erwartet werden kann und was sicherlich an der Tagesordnung sein wird, ist, dass diese auf die menschliche Schulter und den Kopf geflogen kommen, dass man sie auf der Hand oder mit einem Stöckchen transportieren und in den Käfig setzen kann, dass sie neugierig am Familienleben teilnehmen, indem sie zum Beispiel auf dem Tisch landen und sich auf Spielchen mit den Fingern, mit kleinen Bällen oder Ähnlichem einlassen. Mit solchen von klein auf an den Menschen gewöhnten Vögeln kann man viel Spaß haben. Wenn man ihnen nicht-zahme Vögel zugesellt, werden sie dennoch zahm bleiben. Oft ist es sogar so, dass auch die anfangs nicht zahmen Vögel mit der Zeit ihre Scheu ablegen und sich zu zutraulichen Haustieren entwickeln. So ist der Weg zum zahmen Wellensittich-Kleinschwarm nicht weit!

Gesunde Wellensittiche sind immer in Aktion.

Handaufzucht

Viele Züchter zähmen ihre Papageienvögel, indem sie die Tiere mit der Hand aufziehen. Es werden entweder bereits die Eier entnommen, was den „Vorteil" hat, dass dann zumeist gleich ein Nachgelege erfolgt und somit die doppelte Anzahl an Nachkommen erwartet werden kann. Die entnommenen Eier werden in einem Brutapparat ausgebrütet. In den Brutapparaten kann man die richtige Temperatur und Luftfeuchtigkeit einstellen und die Eier werden automatisch gedreht. Wenn die Jungen dann schlüpfen, werden sie von Anfang an vom Menschen per Spritze oder Kropfsonde gefüttert.
Diese Methode wird oft bei vom Aussterben bedrohten Papageien praktiziert oder wenn die Elterntiere dafür bekannt sind, die Eier zu zerstören. Bei vielen Großpapageienarten kann man nämlich nicht so einfach fremde Eier unterlegen, wie dies bei Wellensittichen der Fall ist.

Eine andere Möglichkeit ist es, die Jungen nach dem Schlupf oder zu einem späteren Zeitpunkt zu entnehmen. Da die Küken am Anfang alle zwei Stunden, auch nachts, gefüttert werden müssen, ist die bequemste Methode, die Tiere erst nach zwei bis drei Wochen aus dem Nistkasten zu entnehmen und ab da per Hand aufzuziehen. Diese sogenannten Teilhandaufzuchten werden oft als tierfreundlich angepriesen. Sie sind auch tatsächlich tierfreundlicher als komplette Handaufzuchten, da die Tiere zumindest in den ersten zwei Wochen von den Eltern versorgt werden. Nur die Eltern können den Tieren genau die Nahrung

Wellensittiche sind neugierig und müssen alles erkunden.

SCHEU, TROTZ HANDAUFZUCHT

Gerade bei Wellensittichen kommt es häufig vor, dass eine Handaufzucht gar nicht zu einer besonderen Zahmheit führt. Mir sind einige Fälle bekannt, in denen handaufgezogene Wellensittiche nachher als erwachsene Tiere sogar sehr scheu waren oder aufgrund der fehlenden Angst vor der menschlichen Hand besonders bissig waren. Außerdem sind sie besonders empfänglich für Verhaltensprobleme wie Rupfen und dergleichen und haben meist ein schwächeres Immunsystem. Es ist daher nicht sinnvoll und überhaupt nicht empfehlenswert, Wellensittiche von Hand aufzuziehen.

geben, die sie abgestimmt auf ihr Alter tatsächlich brauchen, sowie die richtige Wärme und Nähe. Das Futter, welches die Eltern geben, ist immer besser, als ein künstlich abgemischtes Handaufzuchtfutter.
Aber auch nach den ersten zwei bis drei Wochen wäre es für die Küken wichtig, bei den Eltern zu bleiben, da sie nur so von Anfang an lernen, sich wie ein Papagei oder Sittich, entsprechend ihrer Art, zu verhalten. Man nennt dies Sozialisierung.

Wenn die Tiere von den Artgenossen getrennt und vom Menschen aufgezogen werden, sehen sie den Menschen als Artgenossen an. Dies bedeutet, dass sie sich, wenn sie geschlechtsreif werden, dann oft mit menschlichen Partnern paaren wollen, was natürlich immer zu Frustrationserlebnissen führt. Dies kann auch damit verbunden sein, dass andere Menschen als der Mensch, der als Partner ausgewählt wurde, als Konkurrenz empfunden werden. Die Tiere reagieren diesen Menschen gegenüber aggressiv.
Generell gilt, dass Handaufzuchten vor Menschen bzw. gegenüber der menschlichen Hand, wenig Respekt haben. Während andere Vögel einen gewissen Fluchtreflex gegenüber Menschen an den Tag legen, sind Handaufzuchten eher bereit, es mit der menschlichen Hand, vor der sie keine Scheu kennen, aufzunehmen. Sie reagieren daher häufig bissig, wenn ihnen etwas nicht passt.

Natürlich sind viele Handaufzuchten aber auch besonders anhänglich. Diese Anhänglichkeit kommt aber nicht von einer normalen Zahmheit, sondern letztendlich von der Fehlprägung dieser Tiere, von der Tatsache, dass sie nicht begreifen, dass sie eigentlich Vögel sind und keine wirklichen Mitglieder des menschlichen Schwarms. Besser ist dies dann, wenn die Vögel nicht isoliert, sondern zum Beispiel zusammen mit Geschwistertieren gemeinsam aufgezogen werden. So haben die Tiere zumindest Artgenossen vor Augen. Klar ist jedoch, dass vieles des arteigenen Verhaltens von den Elterntieren abgeguckt wird. Eine Aufzucht mit Geschwistertieren kann das Lernen vom elterlichen Verhalten nicht ersetzen. Handaufgezogene Tiere haben daher immer Verhaltensdefizite. Viele der

Verhaltensdefizite, die durch die Handaufzucht entstehen, lassen sich aber auch wieder beheben, wenn die Tiere nach der Aufzucht nicht einzeln, sondern in der arteigenen Gruppe gehalten werden.
Das Gute ist, dass gerade Wellensittiche, auch wenn sie per Hand aufgezogen werden, relativ leicht in einen arteigenen Schwarm integriert werden können. Bei größeren Papageien ist dies ungleich schwieriger bis teilweise sogar unmöglich, je nachdem, wie lange ein Vogel in rein menschlicher Gesellschaft gelebt hat.

Selbst wenn Störungen des Brutgeschäfts vorliegen, weil zum Beispiel die Elterntiere sterben, sollte man eher versuchen, die Küken von Ammenvögeln großziehen zu lassen, anstatt eine Handaufzucht zu versuchen. Zudem ist die Handaufzucht bei so kleinen Vögeln wie Wellensittichen relativ schwierig. Es treten leicht Komplikationen auf wie durch Überfütterung, durch das Eindringen von Nahrung in die Luftröhre, durch ein Verletzen der Speiseröhre oder des Kropfes oder einfach durch ein Nichtgedeihen der Tiere. Es sollte daher gut abgewogen werden, ob Wellensittichküken tatsächlich in die Handaufzucht gegeben werden oder ob sich nicht doch eine andere Lösung finden lässt.
Wer keine andere Möglichkeit hat und sich gezwungen sieht, einen oder mehrere Wellensittiche von Hand aufziehen zu müssen, sollte sich dies am besten von einer erfahrenen Person zeigen lassen. Es ist wichtig, geeignetes Handaufzuchtfutter aus dem Zoohandel zu erwerben und nicht mit selbst hergestellten Futterbreien herumzulaborieren. Literatur zur Handaufzucht findet sich im Anhang.

Empfängnisverhütung

Was tun, wenn man nicht züchten oder zumindest im Moment nicht züchten möchte und die Wellensittiche legen Eier? Die Eier lediglich wegzunehmen, hat meist zur Folge, dass die Hennen nachlegen. Auf diesem Prinzip beruht ja auch die Eierproduktion mit Hühnern. Da das Eierlegen für die Hennen mit körperlicher Anstrengung verbunden ist, sollte man dies nicht unbedingt provozieren.
Um das Eierlegen zu stoppen, ist es wichtig, den Bruttrieb zu reduzieren. Manchmal reicht es dazu einfach, keine Brutgelegenheit anzubieten, das heißt, keinen Nistkasten zur Verfügung zu stellen, aber auch keine anderen Möglichkeiten, die zur Brut verlocken wie Röhren, halb geschlossene Kokosnussschalen usw. Auch im Freiflugbereich in der Wohnung sollten keine Ritzen mit Höhlen dahinter vorhanden sein. Es ist schon vorgekommen, dass Wellensittichhennen zwischen Büchern, in Schubladen und ähnlichen Orten brüten wollten.
Außerdem sollte man kein Weichfutter anbieten, um den Bruttrieb zu reduzieren. Am besten wird die Ernährung auf reines Körnerfutter umgestellt. Wer Angst hat, dass die Vögel Mangelerscheinungen bekommen, kann alle paar Tage etwas Multivitaminpräparat über das Futter geben.
Ein weiteres brutluststeigerndes Element kann die Tageslichtlänge sein. Wer eine Birdlamp verwendet, sollte diese dann eine Zeitlang nur beispielsweise zwei

Unter solch artgerechten Lebensbedingungen wird es schwer sein, die Wellensittiche von einer Brut abzuhalten.

Stunden um die Mittagszeit statt ganztägig eingeschaltet haben. Bei Vögeln, die im Wohnbereich stehen, kann man die Voliere abends mit einem leichten großen Tuch abdecken oder abschirmen und so ihren Tag verkürzen.

Was aber tun, wenn nun schon Eier gelegt sind, weil in Unkenntnis der Sachlage der Bruttrieb ausgelöst wird, ein Nistkasten vorhanden war oder wenn die Henne, was auch manchmal vorkommt, ohne Nistkasten auf dem Käfigboden oder irgendwo anders zu brüten begonnen hat? Dass man die Eier nicht einfach wegnehmen darf, habe ich bereits beschrieben. Wenn wir keinen Nachwuchs wollen, müssen wir die Eier gegen Plastik- oder Gipseier, die es im Heimtierbedarf zu kaufen gibt, austauschen und die gelegten Eier wegwerfen. Wer so schnell keine Plastikeier her bekommt, kann die Eier der Tiere abkochen. Einfach zwei Minuten in leicht kochendes Wasser geben. Wenn das Ei gegen ein Kunststoffei oder ein gekochtes Ei ausgetauscht wurde, kann man davon ausgehen, dass nach zwei Tagen die Ablage des zweiten Eies erfolgt. Auch dieses muss dann wieder ausgetauscht werden sowie alle weiteren Eier, die im Abstand von zwei Tagen folgen. Meist ist nach spätestens sechs Eiern das Gelege komplett, selten werden es auch acht oder mehr Eier.
Die Henne wird die Eier bebrüten und einige Zeit, nachdem die Küken hätten schlüpfen sollen, das Interesse an den Eiern verlieren und das Gelege aufgeben. Diesen Zeitpunkt muss man abpassen und dann entsprechend den Nistkasten entfernen, falls einer vorhanden war. Ansonsten kann man davon ausgehen,

dass bei einer Umstellung der Ernährung auf Körnerfutter und Reduktion der Tageslichtlänge die Brutlust nachlässt. Sinnvoll ist es dann, die Henne ein bisschen abzulenken wie durch viele Flug- oder Spielmöglichkeiten.
Klappt das Eindämmen des Bruttriebs nicht, muss man das Prozedere mit dem Austauschen der Eier nochmals wiederholen. Dann sollte eigentlich spätestens Schluss sein. Bei Wellensittichen gibt es nur selten Hennen, die nach zwei erfolglosen Gelegen immer noch nicht aufhören, sondern weiterlegen. In diesem Fall sollte man einen vogelkundigen Tierarzt aufsuchen, der dann mit einer hormonellen Therapie weiterhelfen kann.

Was soll ein Wellensittich kosten?

Gerade nach dem Wegfall der Zuchterlaubnis sind die Preise für Wellensittiche teilweise rapide gesunken. Manchmal erhält man einen Wellensittich bereits für fünf bis zehn Euro. Dies hat den Vorteil, dass die Zucht von Wellensittichen für Massenzüchter, die auf den Profit aus sind, unrentabel ist. Mit einer Wellensittich-Zucht lassen sich keine Reichtümer verdienen. Ein einziger Tierarztbesuch kann unter Umständen die Einnahmen von mehreren Bruten aufzehren.
Auf der anderen Seite wird ein Wellensittich durch so einen geringen Preis jedoch zu einer Art Wegwerfartikel. „Warum soll ich mit dem Vogel zum Tierarzt gehen, wenn ich für wenige Euro Ersatz beschaffen kann?“, fragt sich so mancher Halter, spart sich die Tierarztkosten und nimmt damit Leiden und Tod des Tieres in Kauf. Dem kann man als Züchter entgegenwirken, indem man Wellensittiche nicht ganz so günstig abgibt. Meines Erachtens ist ein Preis von 25 bis 40 Euro pro Tier angemessen.
Hier zeigt sich auch ein weiterer Vorteil von kleinen Hobbyzuchten, die menschengewohnte Wellis abgeben: Wenn ein Tier zutraulich ist und zum Familienmitglied wurde, ist es kein Wegwerfartikel mehr, sondern wird bei Bedarf stets zum Tierarzt gebracht, weil es nicht so ohne Weiteres ersetzbar ist.

Abgabe von Küken

Wer hobbymäßig im kleinen Rahmen zu Hause Wellensittiche züchtet, wird die Nachwuchstiere oft behalten wollen. Kleine Wellensittiche sind halt einfach zu süß und gerade, wenn man sie selbst aufwachsen gesehen hat, wachsen sie einem schnell ans Herz. Irgendwann sind dann aber vielleicht die Platzkapazitäten erschöpft und es gilt, ein neues Zuhause für die Kleinen zu finden.
Abgegeben werden sollen junge Wellensittiche erst, wenn sie futterfest sind, das heißt, wenn sie ganz allein fressen. Wellensittiche, die mit fünf oder sechs Wochen gerade ausgeflogen sind, picken auch schon fleißig am Körnerfutter mit, jedoch nehmen sie noch nicht solche Mengen zu sich, dass sie sich allein davon ernähren können. Die Eltern, meist der Vater, füttern immer noch zu.

Etwa zwei Wochen nach dem Ausfliegen, so mit sieben bis acht Wochen, sind die Kleinen dann meist so weit, dass sie genügend Übung mit dem Entspelzen des Körnerfutters haben und ihren Ernährungsbedarf selbst decken können. Viele lassen sich dennoch gern eine ganze Zeit weiter zufüttern. Nötig ist das dann aber nicht mehr.
Um sicher zu sein, dass die Tiere allein fressen können, und um zu gewährleisten, dass die Kleinen sich bei ihren Eltern abgucken konnten, wie sich ein Wellensittich zu verhalten hat (Sozialisierung), sollte man die Küken erst ab einem Alter von acht bis zehn Wochen abgeben.

Dieser junge Wellensittich kann schon abgegeben werden.

Am besten ist, wenn die künftigen Besitzer herkommen und den oder die Vögel abholen oder wenn man sie ins neue Zuhause bringen kann. So hat man persönlichen Kontakt zu den zukünftigen Besitzern und kann den einen oder anderen Tipp noch mit auf den Weg geben.
Wer die Vögel im Internet inseriert, zieht jedoch oft auch Interessenten an, die weiter weg wohnen. In solchen Fällen kommt auch ein Tierversand durch eine spezielle Tierspedition in Betracht. Man hört oder liest manchmal davon, dass Vögel „mit der Post verschickt" werden, dies geht jedoch nicht. Die Post darf keine lebenden Tiere befördern; dies dürfen nur speziell hierfür von den Veterinärämtern zugelassene Speditionen.
Man kann davon ausgehen, dass der Transport der Tiere so vonstatten geht, dass diesen dabei nichts Schlechtes widerfährt. Man muss natürlich selbst dafür sorgen, dass die Wellensittiche ordnungsgemäß in einer kleinen stabilen Kiste sitzen. Es gibt hierfür extra Versandkisten zu kaufen. Diese haben auf einer Seite eine abgeschrägte Kante mit einem Gitter, sodass die Tiere Luft bekommen, auch wenn die Kisten dicht beieinander stehen oder gestapelt werden sollten.

Zum Transport gibt man den Tieren einen Hirsekolben mit und bindet ein Stück Salatgurke von innen am Gitter fest. Dies ist zwar eine Pfriemelei, hat sich aber bewährt. Wenn man das Stück Gurke einfach so in die Kiste gibt, wird es verkotet und es kann sein, dass die Tiere später, wenn sie Durst haben, von diesem schmutzigen Stück fressen. Ganz abzuraten ist von einem Apfel, den viele Züchter der Transportkiste beigeben. Dieser wird während des Transports braun und unappetitlich. Ich habe schon öfter erlebt, dass die Tiere dann mit Verdauungsstörungen bei mir angekommen sind. Denn der Tiertransport dauert immer über Nacht. Ein Tiertransport per Spedition kann daher auch nur bei gemäßigten Temperaturen durchgeführt werden.

Oft ist eine private Mitfahrgelegenheit, die die Transportkiste mitnimmt, eine bessere Wahl, da die Tiere dann meist bereits nach wenigen Stunden am Zielort sind. Mitfahrgelegenheiten findet man über die diversen Mitfahrzentralen im Internet. Es gibt inzwischen auch bereits eine Facebook-Gruppe zum Finden von Mitfahrgelegenheiten für Ziervögel. Auch in verschiedenen Internetforen ist eine Suche möglich und oft erfolgreich (www.vogelforen.de, www.vwfd-forum.de, www.wellensittich.net und andere).

Ein guter Züchter bietet den Käufern seiner Tiere an, dass sie sich auch weiterhin bei Problemen an ihn wenden dürfen, zumindest in der ersten Zeit, in der manchmal noch Unsicherheiten bezüglich der Haltung oder des Verhaltens bestehen.

Auch sollte man als Züchter immer prüfen, an wen man seine Tiere abgibt. Ist bereits ein Partnervogel vorhanden, wenn nur ein Sittich gekauft werden soll? Sind die Käufer über die Bedürfnisse der Wellensittiche informiert? Sind ein ausreichend großer Käfig und Freiflugmöglichkeit vorhanden? Wenn dies nicht der Fall ist, sollte der Züchter entsprechende Aufklärungsarbeit leisten oder bei unbelehrbaren Kunden von einer Abgabe absehen! Im Anhang finden Sie eine Kopiervorlage für ein Informationsblatt zum Mitgeben an die Käufer mit den grundlegendsten Informationen.

Ein bisschen Genetik

Wellensittiche gibt es inzwischen in sehr vielen Farben und Farbvariationen (eine Übersicht ist weiter hinten in Tabellenform zusammengestellt). Fast alles ist vertreten, außer Rot und Rottönen, da der entsprechende Farbstoff von Wellen-

Wellensittiche gibt es schon in zahlreichen Farbschlägen und deren Kombinationen.

sittichen nicht gebildet wird. Ursprünglich sind die Wellensittiche grün mit der normalen Flügelzeichnung, bei der die dunklen Flügel mit hellen Wellenlinien durchzogen sind. Die farbigen Gefiederpartien oberhalb der Flügel (Nacken, Hinterkopf) sind mit schwarzen Wellenlinien gezeichnet. Dieser typischen Wellenzeichnung verdanken die Vögel auch ihren Namen.
In Australien sieht man riesige Schwärme mit diesen grünen Wellensittichen. Zwar treten auch dort immer mal wieder Mutationen auf. Diese Tiere sind dort jedoch stark gefährdet, von Fressfeinden erbeutet zu werden, da sie farblich aus dem Schwarm herausstechen. Außerdem werden viele Mutationen rezessiv vererbt, weshalb sich die Mutationen in der freien Natur in der Regel nicht durchsetzen. Die Züchter jedoch verpaaren solche Tiere gezielt, sodass die Mutationen erhalten bleiben und immer neue Kombinationen entstehen. Um zu verstehen, wie das funktioniert, muss man ein paar Grundkenntnisse der Genetik besitzen. Dies ist auch nicht verkehrt, selbst wenn man als Hobbyzüchter vielleicht eher weniger auf Farben züchten will, weil der Zuchtstamm hierfür zu klein ist.
Oft lassen wir Hobbyzüchter die Vögel ihre Partner selbst aussuchen, sodass wir dann den Nachwuchs so nehmen müssen, wie er kommt. Wenn wir jedoch die Möglichkeit haben, die Tiere anzupaaren, vielleicht weil sich keine bestimmten Paare zusammengefunden haben, so ist es doch ganz schön, wenn man ein paar Kenntnisse hat und den Bruterfolg farblich entsprechend beeinflussen kann.

Grundlagen der Genetik

Die wichtigsten Begriffe der Vererbungslehre sind in nebenstehender Tabelle kurz erklärt.

Zunächst muss man wissen, dass man einem Vogel nicht unbedingt ansieht, wie er vererbt, da nicht alle Erbanlagen (**Genotyp**), die weitervererbt werden, im äußeren Erscheinungsbild (**Phänotyp**) sichtbar sind.
Jedes Tier besitzt einen **doppelten Chromosomensatz**, somit auch für jedes Merkmal zwei verschiedene **Gene** (**Allele**). Jedes Elternteil gibt jeweils ein Gen für ein Merkmal an seine Nachkommen weiter, sodass sich deren doppelter Chromosomensatz immer aus jeweils einem Gen von der Mutter und einem Gen vom Vater zusammensetzt.
Es gibt die sogenannten **rezessiven Erbanlagen**, die der Vogel sozusagen versteckt in sich birgt. Diese können bei einem Nachkommen nur dann in Erscheinung treten, wenn auch das andere Elternteil diese Anlage trägt und zwei rezessive Gene, also von jedem Elternteil eins, an das Kind weitergegeben werden. Im Erscheinungsbild sichtbar können rezessive Erbanlagen also nur dann werden, wenn kein **dominantes Gen** vorhanden ist, da die vererbte Eigenschaft aufgrund der Dominanz sonst im Erscheinungsbild sichtbar wäre. Nur wenn also von beiden Elterntieren die rezessive Erbanlage in einem Küken zusammentrifft, macht sie sich im Erscheinungsbild bemerkbar.

Allel	Ein Allel ist ein Gen, das sich an einem festgelegten Platz auf einen Chromosom befindet.
Chromosom	Die lineare Aneinanderreihung der ganzen Gene zu einem Fadenkörper nennt man Chromosom.
DNS/DNA	Die Desoxyribonukleinsäure (DNS deutsch/DNA englisch) ist der Träger der Erbinformation.
dominant	Dominant ist ein Gen, wenn es seine Eigenschaften gegenüber einem anderen Gen durchsetzen kann.
Filialgeneration	Folgegeneration (F1, F2, F3 ...)
Gen	Erbfaktor
Genotyp	Der Genotyp ist die Gesamtheit aller Erbanlagen.
heterozygot = spalterbig	Die beiden Allele eines Gens für die Ausbildung eines Merkmals sind unterschiedlich.
homozygot = reinerbig	Die beiden Allele eines Gens für die Ausbildung eines Merkmals sind gleich.
intermediär	Intermediär ist die unvollständige Dominanz zweier Allele.
Letalfaktor	Gene, die den Tod eines Lebewesens verursachen
Mutation	Die Mutation ist eine Veränderung des Erbguts.
Phänotyp	Der Phänotyp beschreibt die Gesamtheit der Merkmale und so das Erscheinungsbild eines Individuums.
rezessiv	Rezessiv ist ein Gen, wenn es seine Eigenschaften gegenüber einem anderen Gen nicht durchsetzen kann.

Eine **Mutation** ist eine spontan auftretende dauerhafte Veränderung des Erbguts, die weiter vererbt werden kann. Es gibt auch Veränderungen des Erbguts, die nicht auf die hier beschriebene Art und Weise vererbt werden, wie zum Beispiel Featherduster oder Halbseiter. Featherduster sind Tiere, die eine Störung des Federwachstums haben und wie Staubwedel aussehen. Diese Tiere leiden unter

Ein Featherduster sollte auf keinen Fall für die Zucht eingesetzt werden.

dieser Veränderung und sollten für eine Zucht natürlich auch nicht eingesetzt werden. Halbseiter sind Tiere, die auf der einen Seite anders aussehen als auf der anderen, zum Beispiel Tiere, die halb blau und halb grün sind. Dies ist eine Laune der Natur, die selten auftritt, aller Wahrscheinlichkeit nach nicht durch bestimmte Gene vererbt wird und somit nicht erzüchtet werden kann.

Aber fangen wir langsam an. Beginnen wir mit der **Farbe**. Bei Wellensittichen wird Grün dominant vererbt, Blau dagegen rezessiv. Vereinfacht erklärt bedeutet dies: Jedes Elternteil bringt ein Gen mit einem Merkmal zur Vererbung der Farbe mit ein. Ein blaues Tier kann als Merkmal für die Farbe nur Blau einbringen. Warum? Weil es nur dieses Merkmal besitzt. Hätte es auch einen Faktor für Grün, wäre es im Phänotyp nicht blau, sondern grün, da grün ja dominant ist.
Verpaart man also zwei blaue Tiere miteinander, erhält man in jedem Fall blaue Nachkommen in irgendeiner Spielart, aber keine Tiere aus der Grünreihe. Verpaart man zwei grüne oder einen grünen mit einem blauen Wellensittich, kommt es darauf an, welche Merkmale die grünen Tiere in sich vereinen. Ist ein grüner Vogel reinerbig grün, so trägt er nur Erbanlagen für die Farbe Grün in sich. Dies bedeutet, dass er auch nur diese weitergeben kann. Es können somit nur grüne Nachkommen entstehen. Kommt vom anderen Elternteil jedoch ein Blau-Gen hinzu, so entstehen spalterbige Nachkommen, die sowohl das Merkmal für Grün vom einen Elternteil als auch für Blau vom anderen Elternteil in sich vereinen.
Wie sehen diese Vögel aus? Ganz klar grün, da grün ja dominant ist und somit das Aussehen des Tieres bestimmt. Verpaart man aber zwei grüne spalterbige Vögel miteinander, so gibt es rein statistisch gesehen nach den mendelschen Gesetzen 25 % reinerbig grüne Nachkommen, also Vögel, die von jedem Elterntier den Faktor Grün geerbt haben, 50 % spalterbig grüne Vögel, die also von einem

Tier den Faktor für Grün, vom anderen Elternteil das Blau-Gen geerbt haben, und 25 % blaue Tiere, die also von beiden Elterntieren das Merkmal für Blau geerbt haben.
Vom Phänotyp her gibt es somit 75 % grüne und 25 % blaue Nachkommen. Es ist in diesem Fall auch nicht nachvollziehbar, welche grünen Nachkommen die Spalterbigen sind. Verpaart man jedoch einen reinerbig grünen mit einem blauen Wellensittich, sind die grünen Nachkommen mit Sicherheit alle spalterbig. Warum? Sie sind grün, das heißt, sie müssen vom grünen Elternteil den Faktor für Grün bekommen haben, der dominant ist, sonst wären sie ja blau. Sie müssen jedoch vom anderen Elternteil zwangsläufig auch ein Gen mit einem Merkmal für Blau erhalten haben, da die blauen Tiere ja keinen anderen Faktor haben, sonst wären sie ja grün, da grün dominant ist.

Nicht nur die Grundfarben, sondern auch andere äußere Merkmale werden dominant-rezessiv vererbt. Bei **Schecken** hängt es davon ab, um welche Art von Scheckung es sich handelt. Es gibt dominante Schecken, dies sind zum Beispiel die sogenannten Australischen Schecken, es gibt aber auch die rezessiven Schecken, auch Harlekin genannt.

Dieses Männchen gehört zu der Gruppe der Australischen Schecken.

Neben der dominant-rezessiven Vererbung gibt es noch andere Arten der Vererbung wie die **geschlechtsgebundene Vererbung** (Beispiele hierfür sind die Farbschläge Zimt, Opalin, Albino, Lutino, Clearbody, Lacewing). In diesem Fall können nur die Hähne eine bestimmte Eigenschaft weitervererben, also nur sie geben den Erbfaktor weiter. Bei geschlechtsgebundenen Vererbungsgängen können somit nur die Hähne einen Faktor spalterbig tragen. Es gibt keine spalterbigen Hennen.

Auch ob ein Wellensittich hell, mittel oder dunkel gefärbt ist (Farbstufen), wird nach einem gewissen Schema vererbt. Hier spricht man von der sogenannten **intermediären Vererbung**, was vereinfacht ausgedrückt bedeutet, dass auch ein Mischen stattfinden kann. Die Kreuzung eines hellen mit einem dunklen Wellensittich kann dabei auch einen mittleren Farbton ergeben.
Tatsächlich kommt es bei der intermediären Vererbung darauf an, wie oft der betreffende Faktor (zum Beispiel Dunkelfaktor) vorhanden ist. Ist der Faktor „Dunkel“ gar nicht vorhanden, ist der Vogel hell. Kommt der Faktor nur von einem Elterntier, ist der Vogel mittelhell gefärbt, kommt jedoch von beiden Elterntieren ein Dunkelfaktor, handelt es sich um einen dunklen Wellensittich (Beispiele Oliv, Mauve).

Ebenso verhält es sich bei den Spangles: Wenn der Faktor Spangle von beiden Elterntieren an ein Jungtier vererbt wird, tritt dieser Faktor doppelt auf, was nochmals zu einem anderen Erscheinungsbild führt. Ein doppelfaktoriger Spangle ist zum Beispiel fast weiß oder cremefarbig gelb, je nachdem, ob er zur Blau- oder Grünreihe gehört.
Man nennt dies auch **Faktorigkeit**. Die faktorischen Wellensittiche vererben dominant. Hierzu gehören die Gelbgesichter. Auch da ist die Erscheinungsform davon abhängig, ob der Faktor Gelbgesicht einfaktorig oder doppelfaktorig vorliegt.

Ein sehr beliebtes äußeres Erscheinungsbild bei Wellensittichen sind die sogenannten Rainbow-Wellensittiche. Dies ist keine eigene Farbe, sondern eine **Kombination** von mehreren vererbbaren Eigenschaften. Von Rainbows spricht man bei blauen Tieren mit Gelbgesicht, Opalin (fehlende Wellenzeichnung im Nacken) und Hellflügel. Nur wenn alle diese Merkmale phänotypisch vorliegen, hat man wirklich einen „echten“ Rainbow-Wellensittich vor sich.

Ein Problem ist, dass, wenn zu viele rezessive Merkmale bei beiden Elterntieren vorhanden sind, die Qualität der Vögel in sonstiger Hinsicht leiden kann („Überzüchtung“). Vermehrt man rezessive Schecken miteinander, kann es sein, dass die Nachkommen klein und schwächlich werden. Will man also rezessive Schecken als Nachkommen erhalten, ist es besser, als Elterntiere keine rezessiven Schecken zu verwenden, sondern Tiere, die in rezessive Schecke spalten. Das macht natürlich etwas mehr Mühe und Aufwand, sichert aber die Qualität der Nachkommen.

Diese Wellensittiche bestechen durch ihre klare Zeichnung.

Gleiches gilt für doppelfaktorige Vögel der intermediären Vererbung. Man sollte also auch nicht zwei doppelfaktorige Spangles miteinander vermehren. Gut ist auch, immer mal wieder ein normal grünes blutsfremdes Tier einzukreuzen. Allgemein sollte man darauf achten, blutsfremde Tiere zu verwenden. Bei einer speziellen **Linienzucht**, das heißt, wenn man einen bestimmten Faktor, der vielleicht als Mutation noch nicht allzu oft aufgetreten ist, erzüchten möchte, werden verwandte Tiere miteinander gekreuzt, auch mangels blutsfremder Tiere mit der gleichen Mutation. Dies kann zu Problemen wie Missbildungen führen.

Alle Farben in Übersicht

Im Folgenden werden die Grundfarben und die möglichen Farbschläge der Wellensittiche aufgelistet. Da sich aber dieses Buch mit der allgemeinen Wellensittich-Zucht befasst, wird hier nicht detaillierter darauf eingegangen und es werden auch nur einige ausgewählte Farbschläge abgebildet. Wer sich darüber weiter informieren möchte, findet dank des Internets zahlreiche weitere Bilder.

Die Grundfarben der Wellensittiche

Farbe	Besonderheit
Grünreihe	Vererbung: dominant (gegenüber Blaureihe)
Hellgrün	Wildfarbe, ohne Dunkelfaktor
Dunkelgrün	einfacher Dunkelfaktor
Olivgrün	doppelter Dunkelfaktor
Graugrün	Grauer oder matter Wangenfleck; grüner Vogel mit dominantem Graufaktor
Blaureihe	Vererbung: rezessiv (gegenüber Grünreihe)
Hellblau	ohne Dunkelfaktor
Dunkelblau	einfacher Dunkelfaktor
Mauve	doppelter Dunkelfaktor
Violett	Der Violettfaktor wirkt sich auf alle Farben verändernd aus (intensivere oder dunklere Farben, auch bei der Grünreihe). Nur in Verbindung mit dunkelblauen Vögeln kommt es zu optisch violetten (veilchenblauen) Nachkommen. Vererbung: dominant Es kann, insbesondere bei doppelfaktorigen Vögeln, das Problem einer geringen Größe auftreten.
Grau	Grauer Wangenfleck; Vogel der Blaureihe mit dominantem Graufaktor
Anthrazit	Vogel der Blaureihe mit doppeltem, dominantem Anthrazitfaktor. Niedrige Befruchtungs- und hohe Sterberate möglich. Einfaktorig wirkt der Anthrazitfaktor lediglich ähnlich wie ein Dunkelfaktor, auch bei Vögeln der Grünreihe.

Die in der folgenden Tabelle beschriebenen Farbschläge sind – soweit sie nicht mit speziellen Farben einhergehen (Inos) – in den Grundfarben aus der vorherigen Tabelle möglich (zum Beispiel Australischer Schecke Mauve, Spangle Hellblau usw).

Die als „Aufgehellte“ bezeichneten Farben werden rezessiv vererbt.

Dieses Männchen ist ein rezessiver Schecke in Hellblau Hellflügel EGG 2 einfaktorig.

Die Farbschläge der Wellensittiche

Gelbgesicht (hierzu noch mehr in der Tabelle auf Seite 98)	Vogel der Blaureihe mit gelbem Gesicht Verschiedene Mutationen: Europäisches Gelbgesicht I (EGG 1), Europäisches Gelbgesicht II (EGG 2), Australisches Gelbgesicht (AGG) Vererbung: faktorig
Opalin	Reduzierte Wellen- und Flügelzeichnung; Kopf, Nacken und teilweise der Rücken (V-förmige Fläche) erscheinen in der Grundfarbe; besonders große oder zahlreiche Kehltupfen Vererbung: geschlechtsgebunden
Zimt	Braune Wellenzeichnung, braune Kehltupfen; hellere Körperfarbe; frisch geschlüpfte Küken haben eine rötliche Augenfarbe, die nachdunkelt Vererbung: geschlechtsgebunden
Grauflügel	Graue Wellenzeichung; blaue bis blaugraue Füße; Wangenflecken dunkelblau oder hellgrau (bei Vögeln mit Graufaktor); Grundfarbe aufgehellt Vererbung: grundsätzlich rezessiv (mit Besonderheiten)
Hellflügel	Flügelfarbe grau, Wellenzeichnung weiß oder gelb; Körperfarbe in Grundfarbe (nicht aufgehellt); blassgraue oder fehlende Kehltupfen Vererbung: grundsätzlich rezessiv (mit Besonderheiten)
Spangle	Umgekehrte Flügelzeichnung (gesäumt), also gelbe oder weiße Flügelfedern mit dunkler Bänderung; Wangenflecke und Kehltupfen weiß oder gelb gefüllt Vererbung: faktorig
Doppelfaktoriger Spangle	Grünreihe: Gelb mit weißen Wangenflecken. Blaureihe: Weiß mit weißen Wangenflecken Schwarze Augen mit Irisring Nasenhaut: 1,0 blau; 0,1 beige-braun
Falben	Grünreihe: Grundfarbe gelb, grün überhaucht Blaureihe: Weiß, blau überhaucht; Braune Kehltupfen; Augen rot (Kontinentaler Falbe: mit Irisring, Englischer Falbe: ohne Irisring); braune Wellenzeichnung; Vererbung: rezessiv

Aufgehellte	Hell pastellfarben, blass; Wellenzeichnung schwach grau; Wangenflecken blass; Augen schwarz mit Irisring; Füße hell Vererbung: rezessiv
Australische Schecken	Gelbe bzw. weiße Gefiederpartien Vererbung: faktorig
Kontinentale Schecken	Gelbe bzw. weiße Gefiederpartien; ausgeweitete Maske; kleine Kehltupfen Vererbung: dominant
Rezessive Schecken	Große gelbe bzw. weiße Gefiederpartien, fleckiges Erscheinungsbild („Harlekin"); schwarze Augen ohne Irisring; Nasenhaut: 1,0 rosa; 0,1 beige Vererbung: rezessiv
Albino	Vogel der Blaureihe. Gefieder weiß, außer wenn zusätzlich Mutation Gelbgesicht, dann gelb überhaucht; rote Augen mit hellem Irisring; Schnabel und Zehennägel hell Nasenhaut: 1,0 rosa; 0,1 braun Vererbung: geschlechtsgebunden
Lutino	Vogel der Grünreihe. Gefieder gelb; weiße Wangenflecken; rote Augen mit hellem Irisring, Schnabel und Zehennägel hell Nasenhaut: 1,0 rosa; 0,1 braun. Vererbung: geschlechtsgebunden
Lacewing	Blassbraune Zeichnung auf gelbem (Grünreihe) oder weißem (Blaureihe) Grund; Wangenflecken weiß; Kehltupfen braun; Augen rot mit Irisring Nasenhaut: 1,0 rosa; 0,1 beige Vererbung: geschlechtsgebunden
Texas Clearbody	Körperfarbe durchgehend aufgehellt; Wellenzeichnung schwarz; Vererbung: geschlechtsgebunden, dominant über Inos (Albino und Lutino)
Easley Clearbody	Körperfarbe von oben (mehr) nach unten (weniger) aufgehellt; Wellenzeichnung schwarz; Kehltupfen grau; Vererbung: dominant
Haubenwellensittiche	Es gibt drei Haubenarten: Rundhaube, Halbrundhaube, Spitzhaube; Vererbung: dominant, Letalfaktor (hohe Kükensterblichkeit)

Die Farbschläge zeigen sich, soweit möglich, auch in Kombinationen wie zum Beispiel Opalin Spangle Zimt Gelbgesicht Hellblau usw. In der folgenden Tabelle sind die beliebtesten Kombinationen aufgeführt.

Beliebte Kombinationen

Kombination	Besonderheit
Opalin Spangle	Bänderung der Flügel schwarz mit der Grundfarbe durchsetzt bis hin zu einer Bänderung ganz in der Grundfarbe
„Schwarzaugen“ = Kombination aus Rezessiven und Kontinentalen Schecken	Grünreihe: gelber Vogel Blaureihe: weißer Vogel. Kein Irisring Nasenhaut: 0,1 rosa; 1,0 beige Weiße Wangenflecken
„Rainbow“ = Kombination aus Opalin Hellflügel Gelbgesicht (also Blaureihe)	Je nach Gelbgesicht-Mutation (siehe folgende Tabelle) unterschiedliches Erscheinungsbild, farbenprächtig

Gelbgesichter

EGG 1 einfaktorig	Leicht gelbe Maske und Schwanzfedern; Körper nicht überhaucht
EEG 1 doppelfaktorig	Optisch wie Weißgesicht
EEG 2 einfaktorig	Stärker gelb gefärbter Kopf als EGG1 einfaktorig; gesamter Körper leicht gelb überhaucht; optisch türkis bis grünlich
EEG 2 doppelfaktorig	Kräftig gelb gefärbter Kopf; gelbe Schwanzfedern; Körper nicht überhaucht
AGG einfaktorig	Intensiv gelb gefärbter Kopf; gesamter Körper stark gelb überhaucht; optisch fast wie ein Vogel der Grünreihe
AGG doppelfaktorig	Kräftig gelbe Maske; leicht gelbe Flügel und Schwanzfedern; manchmal gelbe Flecken auf Bauch oder Brust; restlicher Körper nicht gelb überhaucht

Rechts das Weibchen ist ein Australischer Schecke EGG2 einfaktorig.

Die geschilderten typischen farblichen Erscheinungsbilder der Gelbgesichter sind erst nach der ersten Mauser in aller Deutlichkeit so zu erkennen. Vorher sind die Vögel nicht kräftig ausgefärbt und erscheinen eher pastellfarbig mit gelber Maske. Gerade ein einfaktoriges AGG kann daher als Jungvogel und ausgefärbter Vogel ein stark abweichend gefärbtes Federkleid zeigen. Es erfolgt sozusagen eine Umfärbung von Blau nach Grün.

Zuchtziel

Oberstes Zuchtziel sollten immer gesunde, wesensstarke Tiere sein und nicht irgendwelche tollen Farben. Viele Züchter hoffen jedoch insgeheim, dass bei ihnen eine neue Mutation auftritt und sie so richtig Geld mit ihren Tieren machen können. Momentan sind zum Beispiel die „Schwarzflügel" (Darkwing) sehr begehrt, eine Mutation, bei der die Handschwingen schwarz sind, sodass die Vögel breite, schwarze Ränder am Flügel haben. Eine Zeit lang waren sogenannte „Blackfaces" der Renner, das waren Wellensittiche mit einem fast gänzlich schwarzen Kopf. Ich habe allerdings ein solches Tier nie zu Gesicht bekommen und bei den Fotos im Internet bin ich mir nicht sicher, inwieweit sie das Ergebnis eines guten Bildbearbeitungsprogramms oder gar der Bearbeitung des Tieres mit Holzkohle waren.

Links ein Tier in der Farbe normal Violett und rechts ein Gelbgesicht normal Hellblau.

Links ein Australischer Schecke Opalin Hellblau und rechts ein Australischer Schecke normal Dunkelgrün.

Bei einer Hobbyzucht ist die Jagd nach Neumutationen zum Glück nicht die oberste Motivation, hier steht das Wohl der Tiere im Vordergrund – oder sollte zumindest im Vordergrund stehen. Wer aber Wellensittiche in bestimmten Farben züchten möchte oder auf Ausstellungen gehen will, sollte sich noch intensiver mit der Vererbungslehre befassen und weitere Literatur zu Rate ziehen. Selbst bei facebook gibt es bereits eine Gruppe mit dem Thema Farbschläge beim Wellensittich, wo man sich Hilfe von erfahrenen Züchtern holen kann. In diesem Buch kann das Thema nur angerissen werden, um den Rahmen des Buches nicht zu sprengen.

Ein bisschen Ethik

In Internetforen sind Züchter oft als wenig tierfreundlich verrufen. Sie werden als Vermehrer angesehen, die das Tierleid vergrößern, indem sie Tiere für die Tierheime produzieren oder Ähnliches. Sie werden häufig deswegen angegriffen. Sicherlich ist es so, dass es viele Wellensittiche gibt, die abgegeben werden, und

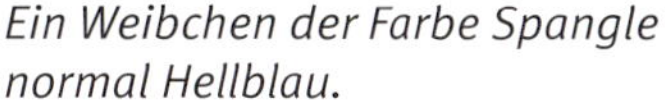

Ein Weibchen der Farbe Spangle normal Hellblau.

Ein Männchen der Farbe normal Grau.

dass es viele Wellensittiche in Tierheimen gibt. Da Wellensittiche jedoch in großer Zahl in großen Außenvolieren mit Schutzhäusern gehalten werden können, lassen sich „überzählige“ Wellensittiche meist gut und tierfreundlich unterbringen.

Dazu kommt, dass ein Bedarf an Nachzuchten stets besteht, da viele Menschen, die sich Wellensittiche anschaffen wollen, junge Tiere möchten, die sich am besten an den Menschen gewöhnen lassen, und somit gar keine Abnahmetiere aufnehmen wollen. Dem ist jedoch entgegenzusetzen, dass man bei jungen Vögeln nie weiß, wie sie sich entwickeln. Es gibt Sittiche, die nie zahm und anhänglich werden, auch wenn man sie als Jungtiere aufgenommen hat.

Es ist von daher keine schlechte Alternative, Tierheimvögel oder sonstige Abgabevögel aufzunehmen, wenn diese schon an den Menschen gewöhnt sind. Es werden immer mal wieder auch sehr zahme Wellensittiche abgegeben. Hier haben wir beste Chancen, dass die Tiere auch bei uns zahm bleiben, auch wenn andere Wellensittiche dazugesellt werden. Im Übrigen kann man Wellensittiche mit etwas Geduld auch in höherem Alter oft noch gut an den Menschen gewöhnen. Ich habe es selbst schon erlebt, dass ältere Tiere noch sehr zahm geworden sind.

Auch in Gesellschaft von Artgenossen bleiben Wellensittiche zahm.

Gerade kleine Wellensittichzuchten, bei denen sich die Züchter auch intensiv um den Nachwuchs kümmern, sodass die Tiere menschengewöhnt und schon ein bisschen vorgezähmt sind, werden kaum Probleme haben, Abnehmer für die Tiere zu finden. Ein größeres Problem sind Großzuchten, die auf Farben züchten und nur die besten Ausstellungsvögel behalten. Hier werden oft 200 oder mehr Nachkommen im Jahr „produziert“, die in den Zoohandel abgegeben werden. Kleinere Hobbyzüchter hingegen verkaufen die Tiere oft gar nicht über Zoohandlungen, sondern geben sie direkt ins neue Zuhause ab. Dies erspart den Tieren die zusätzliche Station Zoogeschäft, was ja durch den weiteren Ortswechsel nochmals zusätzlich Stress bedeutet, zumal die Unterbringung in den Zoogeschäften meist nicht so optimal ist. Zudem sehen wir gleich, wie die Tiere gehalten werden, und haben einen Einfluss darauf.
Wenn man an seinen Tieren hängt, ist es einem meist auch wichtig, dass sie ein gutes Zuhause finden. Ideal ist es, wenn man nicht darauf angewiesen ist, schnellstmöglich einen neuen Platz für die Tiere zu finden, sondern wenn man so viel Raum hat, dass man die Nachzuchtvögel auch behalten kann, solange kein optimales neues Zuhause gefunden wird. Deswegen ist es ideal, auch als kleiner Hobbyzüchter eine größere Flugvoliere oder ein Vogelzimmer zu haben, in der es vom Platz her nicht darauf ankommt, ob zehn oder 20 Vögel darin herumfliegen.

Generell kann man nicht alle Züchter bzw. Zuchten über einen Kamm scheren. Es gibt sehr tierfreundliche Züchter, die großen Wert auf eine artgerechte Pflege legen. Dies sind in vielen Fällen die kleinen Zuchten. Aber auch größere Züchter

Ein Paradies für Wellensittiche!

können natürlich gut und tierfreundlich sein, besonders wenn große Flugvolieren vorhanden sind, wo die Tiere auch mal mehrere Meter am Stück fliegen können. Wohnzimmerzuchten hingegen, wo die Vögel nur in Käfigen untergebracht sind und wenig Freiflug haben, sind abzulehnen.

Ein weiteres Problem der tierfreundlichen Aufzucht von Papageienvögeln ist die Gewohnheit vieler Züchter, die Tiere von Hand aufzuziehen und die Vögel somit von Anfang an auf den Menschen fehlzuprägen (siehe das Kapitel zur Handaufzucht). Viele Menschen sehen zwar theoretisch ein, dass Handaufzuchten nicht tierfreundlich sind, wollen aber für sich selbst unbedingt zahme Tiere und kaufen daher nur handaufgezogene Papageienvögel.
Solange also eine Nachfrage nach Handaufzuchten besteht und viel Geld für die Tiere bezahlt wird, werden die Züchter diesen Bedarf zu befriedigen versuchen

und weiterhin Tiere ohne Not mit der Hand aufziehen. Wie schon erwähnt, ist das Aufziehen per Hand bei Wellensittichen besonders problematisch. Eine Handaufzucht von Wellensittichen sollte daher meiner Meinung nach generell unterbleiben, indem man Jungtiere, die aus irgendwelchen Gründen nicht von den Eltern aufgezogen werden können, anderen Elterntieren unterlegt. So kann man eine tierfreundliche Aufzucht gewährleisten.

Ein weiteres Problem ist, dass viele Vogelhalter umso weniger zum Tierarzt gehen, je mehr Vögel sie haben. Wenn Probleme auftreten, haben sie ihre Tipps und Tricks, wie sie sich selbst behelfen können. Erste-Hilfe-Maßnahmen selbst durchführen zu können, ist grundsätzlich nicht schlecht, aber nur bis zu einem gewissen Punkt. Ab einem bestimmten Verletzungs- oder Krankheitsgrad sollte ein Tierarzt zu Rate gezogen werden, und zwar ein vogelkundiger Tierarzt. Wenn Krankheiten rechtzeitig erkannt und tierärztlich behandelt werden, kann man den Vögeln in vielen Fällen helfen und sie retten, während unbehandelt der Tod des Tieres droht.
Bei einer großen Massenzucht mit mehreren hundert Tieren nehmen die Züchter häufig den Tod eines einzelnen Tieres in Kauf, da ein Tierarztbesuch einen viel zu großen Aufwand sowohl in finanzieller als auch in zeitlicher Hinsicht darstellt. Wenn ein Tier leidet, wird es oft getötet. Es ist auf der einen Seite schon auch wichtig, dass Züchter es können und es auch über sich bringen, ein Tier, welches so sehr leidet, dass man ihm auch einen Tierarztbesuch nicht mehr zumuten will, zu erlösen, also tierschutzgerecht zu töten. Dies geschieht bei einem Wellensittich in Notfällen am besten dadurch, indem ihm das Genick gebrochen wird. Es ist keine angenehme Sache, ein Tier töten zu müssen, aber auch das gehört dazu, dass man in der Lage ist zu unterscheiden, was zu tun ist und im Ernstfall ein Tier auch erlösen kann. Im Zweifelsfall ist ein Gang zum Tierarzt immer das beste, da dieser auch die Möglichkeit hat, einen Vogel tierschutzgerecht zu töten, indem er ihm die erlösende Spritze gibt.
Es gibt aber auch Züchter, gerade solche, die im großen Stil Wellensittiche züchten, die mit ihren Vögeln niemals einen Tierarzt aufsuchen. Wenn Komplikationen auftreten, wird zur Selbsthilfe gegriffen, und wenn ein Vogel stirbt, so stirbt er eben. Ich halte diese Vorgehensweise nicht für vertretbar und bin der Meinung, dass man nur so viele Vögel halten sollte, um sie im Bedarfsfall auch tierärztlich behandeln lassen zu können. Im Übrigen ist dies in Deutschland durch das Tierschutzgesetz auch gesetzlich vorgeschrieben. Wer ein Tier besitzt, ist für dessen Pflege verantwortlich, dazu gehört auch der Gang zum Tierarzt.

Zum Schluss

Tiere halten und Tiere züchten ist ein schönes Hobby. Es sollte aber immer das Wohl der Tiere an erster Stelle stehen und nicht der Egoismus des Halters, besonders zahme, besonders farbige oder besonders viele verschiedene Tiere haben zu wollen oder besonders wenig Geld für die Tiere oder für die Haltung zu zahlen. Lieber weniger Tiere und diese dafür tierfreundlich halten! Lieber eine kleine Zucht betreiben, die den Bedürfnissen der Tiere entspricht, als zahlreiche Nachkommen in engen Boxen zu produzieren, keinen Tierarzt zu konsultieren, keine Flugmöglichkeit anzubieten usw.

Wer das Abenteuer Wellensittich-Zucht anfangen möchte, sollte dies gut durchdenken und planen und nicht einfach einem vorhandenen Pärchen einen Nistkasten an den Käfig hängen! Dieses Buch soll das nötige Wissen hierfür vermitteln – es muss dann allerdings auch umgesetzt werden! Hierbei wünsche ich viel Freude!

Anhang

Informationsblatt für Wellensittichhaltung

Im Folgenden finden Sie ein Beispiel für den Inhalt eines Informationsblatts zum Mitgeben an die Käufer von Wellensittichen.

Keine Einzelhaltung!
Wellensittiche sollten mindestens zu zweit oder besser zu viert gehalten werden, dabei immer paarweise oder mit einem Überschuss an männlichen Tieren.

Größe der Unterbringung
Für ein Paar sollte eine Voliere mindestens die Maße 100 cm x 60 cm x 80 cm (L x B x H) haben. Für mehrere Paare muss er entsprechend größer sein. Ideal ist die Haltung in einer Außenvoliere mit einem angeschlossenen frostfreien Schutzhaus.

Die passenden Äste
Der Käfig muss mit Naturästen unterschiedlicher Stärke ausgestattet werden! Die Äste dürfen nicht zu dünn sein, das heißt, der Vogel soll sie mit dem Fuß nicht ganz umfassen können.

Freiflug
Wellensittiche brauchen Bewegung! Mehrere Stunden Freiflug am Tag oder die Haltung in einem Vogelzimmer oder einer Flugvoliere mit mehreren Metern Länge sind ein Muss! Im Freiflugbereich müssen interessante Anflugstellen vorhanden sein wie zum Beispiel ein Kletterbaum aus Naturästen.

Gefahrenquellen beim Freiflug
Gefahren sind offene Fenster, ungesicherte Fensterscheiben (Gefahr des Dagegenfliegens! Mit Vorhang abhängen oder zum Beispiel mit Aufklebern wie „Post-it“ sichtbar machen.), offene Gefäße mit Flüssigkeit (Gießkannen, Töpfe, Spülbecken), heiße Dämpfe, heiße Oberflächen (Kaminofen, Küche), Stromkabel (Gefahr des Benagens), giftige Gegenstände (Bleikanten bei Gardinen, giftige Topfpflanzen), spitze Gegenstände (Kakteen), Schlitze hinter Schränken oder Heizkörpern und vieles mehr! Bitte prüfen Sie Ihr Zimmer darauf hin, bevor Sie Ihre Vögel fliegen lassen!

Fütterung
Die Ernährung der Wellensittiche ist einfach. Jeder Vogel erhält ein bis zwei Teelöffel Körnerfutter (ohne Zucker und Backerzeugnisse!) täglich. Sauberes Trinkwasser muss stets vorhanden sein. Bei Übergewicht Futter mit wenig Hafer und mehr Grassamen (zum Beispiel Knaulgras) füttern!

Neben dem Körnerfutter sollte zwei- bis dreimal wöchentlich ein Gemüse- oder Grünfutteranteil gegeben werden (Paprika, Möhre, Löwenzahn, Samenstände von Gräsern, frische Salatgurke, Radieschen oder Ähnliches). Ab und zu kann auch Obst gegeben werden (Apfel, Beeren, Kiwi). Stark zuckerhaltiges Obst wie Bananen oder Zwetschgen sollte nicht gefüttert werden.

Giftig!
Avocado ist für Sittiche giftig!
Auch giftig sind die Dämpfe von neuen teflonbeschichteten Pfannen, Raclette-Geräten usw.

Auf Hygiene achten!
Frischfutter nach mehreren Stunden entfernen! Das Trinkwasser einmal am Tag erneuern. Die Wassergefäße gut mit heißem Wasser reinigen und am besten an der Luft trocknen lassen (zweiter Satz Wassergefäße erforderlich)! Den Käfig nach Bedarf gründlich reinigen (meist einmal wöchentlich).

Beschäftigung
Wellensittiche wollen sich nicht langweilen! Sowohl die Voliere als auch der Freiflugbereich sollten mit Beschäftigungsmöglichkeiten ausgestattet sein. Am liebsten beschäftigen sich Wellensittiche mit dem Schreddern von Gegenständen wie Naturästen, Korkstücken und Ähnlichem.

Literaturverzeichnis

Asmus, Jörg und Lantermann, Werner: **Australische Sittiche.** Haltung, Zucht und Artenschutz. Oertel+Spörer, Reutlingen 2012.
Birmelin, Immaneuel und Wolters, Anette: **Wellensittiche.** Gräfe und Unzer Verlag, Münche1998.
Künne, Hans-Jürgen: **Die Ernährung der Papageien und Sittiche.** Arndt-Verlag, Bretten 2000.
Krautwald-Junghanns, Kaleta: **Kompendium der Ziervogelkrankheiten.** Schlütersche Verlagsgesellschaft 2003.
Lantermann, Werner: **Papageienkunde.** Parey Buchverlag, Berlin 1999.
Lantermann, Werner: **Sittiche und Papageien –** Verhalten in Freiland und Voliere. Oertel+Spörer, Reutlingen 2012.
Low, Rosemary: **Papageien-Zucht.** Verlag Michael Biedenbänder, Dietzenbach 2000.
Nöcker, Rose-Marie: **Das große Buch der Sprossen und Keime.** Heyne Verlag, München 2007.
Radtke, Georg A.: **Handbuch für Wellensittichfreunde.** Kosmos Verlag, Stuttgart 1988.
Rheinschmidt, Matthias: **Kunstbrut und Handaufzucht.** Arndt-Verlag, Bretten 2000.
Rutgers, Albram: **Wellensittiche.** Eugen Ulmer Verlag, Stuttgart 1976.
Schnabl, Hermann: **Vogelfutterpflanzen.** Arndt-Verlag, Bretten 2002.
Vins, Theo: **Das Wellensittichbuch.** M. & H. Schaper Verlag, Alfeld 1993.
Wagner, Carolin: **Beschäftigung für Papageien und Sittiche.** Arndt-Verlag, Bretten 2011.
Wagner, Rudolf K.: **Handaufzucht von Papageien.** Verlag Michael Biedenbänder, Dietzenbach 1998.
Wedel, A.: **Ziervögel.** Parey Buchverlag, Berlin 1999.
Wullschläger Schättin, Esther: **Wellensittiche verstehen und artgerecht halten.** Verlag Nature Themes, Schweiz 2008.
Wilbrand, Andreas: **Futterpflanzen für Vögel.** Oertel+Spörer, Reutlingen 2020.
Wilbrand, Andreas: **Natur-Volieren im Selbstbau.** Oertel+Spörer, 2. Auflage, Reutlingen 2018.
Wilbrand, Andreas: **Naturbaustoff Lehm für die Vogel- und Kleintierhaltung.** Oertel+Spörer, Reutlingen 2017.

Nützliche Internetseiten

www.birds-online.de
www.rainbowzucht.de
www.welli.net
www.wellensittich.net
www.vogelforen.de
www.vwfd.de